Die Hauptsätze der Differenzialrechnung nach einer neuen, elementaren Methode dargestellt

von

J. W. Scheibert,
Oberlehrer am Gymnasium in Elbing.

Berlin,
gedruckt und verlegt bei G. Reimer.
1840.

Vorwort.

„Die höhere Analysis ist so sehr im Ruf der Schwierigkeit und Unbegreiflichkeit, daß, so wie sie ist, selbst ihr Name wenig in die Elemente paßt. Allein sie ist wirklich nicht so schwierig. Scheint sie es leider, so liegt die Schuld nicht an ihr, sondern an ihrem Vortrage. Ihrem wahren Sinn und Wesen nach ist sie eben so leicht und einfach, wie irgend ein Theil der Elemente."

Cr.

In der That ist es fast unerklärlich, daß namhafte Mathematiker, die für ein größeres Publikum schrieben, ihren Scharfsinn aufboten, nicht etwa, um durch einen geeigneten Vortrag die so genannte höhere Analysis ihrer Schwierigkeit und Unbegreiflichkeit zu entheben, ihr mystisches Dunkel, in welches sie anscheinend verhüllt ist, und durch welches sie, wie es scheint, dem nicht tief erleuchteten Mathematiker unzugänglich wird, nach Möglichkeit zu erhellen und so dem größeren, Mathematik bedürftigen Publikum zugänglich und genießbar zu machen; sondern vielmehr, um — wenn auch sehr schwierige — Mittel und Wege aufzufinden, durch welche die mit einer gewissen Scheu betrachtete höhere Analysis umgangen oder umschlichen werden könnte. Ja, diese Scheu geht so weit, daß man es sich zum Verdienste anrechnet, bei dem Vortrage gewisser Lehren, in welchen die höhere Analysis die natürlichste und leichteste Anwendung gefunden hätte, ohne diese gefürchtete Analysis zu den gewünschten Resultaten gelangt zu sein, selbst wenn es auf den langwierigsten und schwierigsten, und darum sehr ermüdenden Umwegen geschehen ist. Oder würde es nicht der Mühe werth sein, die Differenzial- und Integralrechnung — die Hauptheile der höhern Analysis — durch die Art und Weise ihrer Darstellung in den leicht verständlichen und für Jedermann betretbaren Kreis der Elemente gezogen zu haben? Doch daran zweifelt wohl Niemand. Und daher glaube ich für die Wissenschaft, und besonders für deren Anwendbarkeit auf alle geeigneten Theile der theoretischen und angewandten Mathematik, keine ganz verdienstlose Arbeit unternommen zu haben, wenn ich es mir angelegen sein ließ, zunächst die Hauptsätze der Differenzialrechnung nach einer elementaren Methode darzustellen, die ich neu nenne, weil mir wenigstens eine ähnliche Behandlung jener Sätze von nirgends her bekannt ist. Es geht aus dem ganzen Vortrage derselben hervor, daß der Differenzial-Koeffizient in Wahrheit nichts Anderes ist, als der Exponent eines Verhältnisses, und daß der bisher fast mehr als bloßes Zeichen für den Differenzial-Koeffizienten betrachtete Differenzial-Quotient nichts Anderes ist, als die Verhältnißzahlen, welche jenem Verhältniß-Exponenten zugehören oder entsprechen. Somit wäre denn die Differenzialrechnung nur eine Verhältnißrechnung — und das ist sie in der That auch nur — und da ihre Hauptsätze sich unmittelbar an die Sätze aus der Methode der unbestimmten Koeffizienten anschließen, so gehören sie offenbar auch nur in den Kreis der Elemente und erfordern zu ihrem Verständnisse auch nicht mehr mathematisches Talent, als eben zum Vrrständnisse der mathematischen Elemente erforderlich ist. Anfangs war es meine Absicht, gerade nur die Hauptsätze dem Drucke zu übergeben; indeß hat es mir für die Folgezeit nützlich geschienen, den Plan zu erweitern und des Stoffes so viel aufzunehmen, daß das Buch zugleich Leitfaden in höheren Bürgerschulen gebraucht werden könnte. Von dieser Seite betrachtet, wird man es aber dem Buche vielleicht zum Vorwurfe machen, daß es der Erläuterungsbeispiele, so wie überhaupt der Beispiele zu wenige enthält und hie und da nur bei dem Allgemeinen stehen bleibt, das Besondere aber, wodurch namentlich dem Schüler das Verständniß des Allgemeinen erst recht eröffnet ,wird, nicht beachtet wird. Indeß, meiner Ansicht nach, muß ein Leitfaden, der dem mündlichen Unterrichte eines Lehrers zum Grunde liegen soll, nur die Hauptumrisse des zu Lehrenden, gewissermaßen nur das Skelet, die Hülle enthalten, in welcher der Lehrer seinen das Ganze durchdringenden und belebenden Geist seinen Schülern mittheilt. Nicht aus dem Leitfaden soll der Schüler lernen — der Leitfaden ist kein Buch zum Selbstunterrichte — aus dem Munde seines Lehrers soll er lernen, und der Leitfaden ihm nur, mittelst gewisser Haltpunkte, die Erinnerung an des gehörten Lehrers tönende, verhallende Rede und Lehre erleichtern und dauernder machen. Hiernach darf also der Leitfaden nur die Hauptpunkte enthalten; und wo der Leitfaden bei dem Allgemeinen stehen bleibt, da wird und muß dem Lehrer die subjektive Freiheit gelassen werden, durch ein beliebiges Besondere das Allgemeine zur Evidenz in der Seele der Schüler zu erheben. Ein Aehnliches gilt von der Anwendung der Lehrsätze auf spezielle Aufgaben und Beispiele. So höchst nothwendig und schlechterdings unerläßlich diese Anwendung für den Schüler durch den Lehrer ist, und ungeachtet der Lehrer nicht sobald im Besitze einer zu großen Fülle von Aufgaben und Uebungsbeispielen sein kann; so habe ich mich dennoch nicht entschließen können, durch eine auch nur einigermaßen ausreichende

Anzahl von Beispielen den Lehrtext des Leitfadens zu unterbrechen. Der in seinem Fache bewanderte Lehrer hat gewiß auch Mittel, sich die erforderlichen Erläuterungsbeispiele zu verschaffen. Ein Anderes ist aber eine methodisch geordnete Sammlung von Beispielen und Aufgaben, die den Schülern mit eingestreuten instruktiven und leitenden Andeutungen zur eigenen Uebung und Vervollkommnung in die Hände zu geben wäre. Eine solche Sammlung wird diesem Buche nachfolgen, sobald das Bedürfniß dazu vorhanden ist. Sie könnte dann zugleich demjenigen Lehrer, der wegen Erläuterungsbeispiele zum Texte in Verlegenheit ist, ein Mittel zur Abhülfe sein.

Elbing, im Juni 1840.

Der Verfasser.

Inhalts-Uebersicht.

Erster Abschnitt.

Den Differenzial-Koeffizienten gegebener Funktionen zu finden.

§. 1. Erklärungen: Veränderung der Funktion, Differenzial-Koeffizient, Differenzial-Quotient, Differenzial.
§. 2. Differenzial-Quotient von Monomien.
§. 3. Desgl. von Polynomien.
§. 4. Satz, wenn x zur abhängig Veränderlichen gemacht wird.
§. 6. Differenzial einer abhängigen Funktion.
§. 7. Differenzial eines Bruches.
§. 8. Differenzial einer Potenz.
§. 9. Maclaurinsche Reihe; Differenziale höherer Ordnungen.
§. 10. Der Taylorsche Lehrsatz.
§. 11. Maxima und Minima einer Funktion.
§. 12. Werth des Bruches $\frac{0}{0}$.
§. 13. Exponenzialfunktionen.
§. 14. Erklärung: krumme Linie, kleinste Bogentheile.
§. 15. Differenzial des Bogens.
§. 16. Differenzial der Fläche.
§. 17. Tangenten und Normalen.
§. 18. Differenzial trigonometrischer Linien; Reihen für Sinus u. Cosinus.
§. 19. Differenzial von Kreisbogen; Reihen zur Berechnung von π.
§. 20. Differenzial eines Sektors.
§. 21. Differenzial der krummen Oberflächen.
§. 22. Differenzial des kubischen Inhalts.
§. 23. Differenzial zweier oder mehrer von einander unabhängig Veränderlichen.
§. 24. Höhere Differenziale einer Funktion mehrerer von einander unabhängig Veränderlichen.
§. 25. Erweiterung des Taylorschen Lehrsatzes und der Maclaurinschen Reihe; Eulner's Lehrsatz über homogene Funktionen.

§. 26. Asymptoten.
§. 27. Berührende Kurven.
§. 28. Krümmungshalbmesser.
§. 29. Konvexität und Konkavität gegen die Abscissenaxe.
§. 30. Punkte der größten und kleinsten Ordinaten.
§. 31. Beuge-, Wende- oder Flexionspunkte.
§. 32. Rückkehrpunkte oder Spitzen.
§. 33. Vielfache Punkte.
§. 34. Konjugirte oder beigeordnete Punkte.

Zweiter Abschnitt.

Die ursprüngliche Funktion aus gegebenen Differenzial-Koeffizienten zu finden.

§. 35. Erste Integrationsregel.
§. 36. Zweite Integrationsregel.
§. 37. Umformung der Differenzinl-Koeffizienten Behufs ihrer Integration.
§. 38. Exponentialfunktionen.
§. 39. Kreisfunktionen.
§. 40. Trigonometrische Linien.
§. 41. Integration durch Partialbrüche.
§. 42. Besondere, oft vorkommende Formen von Differenzial-Koeffizienten mit rationalen Nennern, deren Integrale durch Substitution gefunden werden.
§. 43—46. Oft vorkommende Formen mit irrationalen Nennern.
§. 47. Reduktionsformeln für $\int x^m (a + bx^n)^p$.
§. 48. Desgl. für logarithmische Größen.
§. 49. Desgl. für Exponentialgrößen.
§. 50. Desgl. für $\int \sin.^m x \,.\, \cos.^n x$, wenn m und n ganze Zahlen sind.
§. 51 u. 52. Desgl. für Kreisfunktionen.
§. 53. Integration durch die Maclaurinsche Reihe.
§. 54. Desgl. durch die Bernoullische Reihe.
§. 55. Rektifikation der Kurven.
§. 56. Quadratur der Kurven.
§. 57. Komplanation krummer Oberflächen.
§. 58. Kubatur der Körper mit krummer Oberfläche.

Erster Abschnitt.

§. 1.

Man setze

$$y = f(x) = A' + B'x + C'x^2 + D'x^3 + E'x^4 + F'x^5 + \dots,$$

wo A', B', C' etc. die unbestimmten Koeffizienten sind und nach der bekannten Methode aus der gegebenen Funktion $f(x)$ bestimmt werden können, verändere die veränderliche Größe x um irgend eine Größe Δx und bezeichne die Veränderung, welche y dadurch erleidet, mit Δy; so ist

$$y + \Delta y = f(x + \Delta x) =$$
$$A' + B'(x + \Delta x) + C'(x + \Delta x)^2 + D'(x + \Delta x)^3 + \dots,$$

wo $f(x + \Delta x)$ diejenige Funktion bedeutet, welche man erhält, wenn in der gegebenen Funktion $f(x)$ statt x gesetzt wird $x + \Delta x$.

Man ordne die Reihe für $y + \Delta y$ nach Potenzen von Δx in folgender Art, so ist

$$y + \Delta y =$$

$$\begin{array}{l l|l|l|l|l}
A' & + B' & \Delta x + C' & \Delta x^2 + D' & \Delta x^3 + E' & \Delta x^4 + \dots \\
+ B'x & + 2C'x & + 3D'x & + 4E'x & + 5F'x & \\
+ C'x^2 & + 3D'x^2 & + 6E'x^2 & + 10F'x^2 & + & \\
+ D'x^3 & + 4E'x^3 & + 10F'x^3 & + & \vdots & \\
+ E'x^4 & + 5F'x^4 & + & \vdots & \text{E} & \\
+ F'x^5 & + & \vdots & \text{D} & & \\
+ & \vdots & \text{C} & & & \\
\vdots & \text{B} & & & & \\
\text{A} & & & & &
\end{array}$$

oder wenn die Koeffizienten von Δx, Δx^2.... mit den darunter stehenden Buchstaben bezeichnet werden,

$$y+\Delta y = A+B\Delta x+C\Delta x^2+D\Delta x^3+E\Delta x^4+F\Delta x^5+\ldots,$$

wo nun augenscheinlich die Koeffizienten A, B, C etc. Funktionen von x sind. Zieht man von der letzten Gleichung die gegebene Funktion $y=f(x)$ ab, so ist

$$1)\ f(x+\Delta x)-f(x)=\Delta y=B\Delta x+C\Delta x^2+D\Delta x^3+E\Delta x^4+\ldots$$

dividirt man durch Δx, so ist

$$2)\ \frac{\Delta y}{\Delta x}=B+C\Delta x+D\Delta x^2+E\Delta x^3+F\Delta x^4+\ldots.$$

Diese Gleichung zeigt, daß das erste Glied der Reihe, nämlich B, immer unverändert bleibt, welchen Werth man sich auch unter Δx denken möge, daß also B von der Veränderung des x in der gegebenen Funktion völlig unabhängig ist.

Setzt man in der Gleichung 1)

$B\Delta x+C\Delta x^2+D\Delta x^3+E\Delta x^4+\ldots. = B.dx$, so ist

$$3)\ \Delta y = B.dx,$$

wo Δy die Veränderung der gegebenen Funktion heißt, und wo $B = B'+2C'x+3D'x^2+4E'x^3+\ldots.$ eine Funktion von x ist.

Aus $B.dx = B\Delta x+C\Delta x^2+D\Delta x^3+\ldots.$ folgt

$$dx = \Delta x+\frac{C}{B}\Delta x^2+\frac{D}{B}\Delta x^3+\ldots.$$

Folglich ist dx in 3) eine Funktion von Δx und als konstant zu betrachten.

In der Gleichung 3) heißt B der Differenzial-Koeffizient. Aus $\Delta y = B.dx$ folgt $\frac{\Delta y}{dx}=B$, wofür man gewöhnlich schreibt

$$4)\ \frac{dy}{dx}=B.$$

Man nennt dann $\frac{dy}{dx}$ den Diferenzial-Quotienten, dy das Differenzial von y, und dx das Differenzial von x.

Aus 4) folgt, daß der Differenzial-Quotient immer dem Differenzial-Koeffizienten gleich ist.

Aus der Vergleichung von 3) mit 4) ergiebt sich, daß $\Delta y = dy$ ist, daß man also statt der Veränderung einer gegebenen Funktion auch deren Differenzial setzen könne.

Den Differenzial-Koeffizienten von y pflegt man auch mit y' oder mit p zu bezeichnen, so daß also $\frac{dy}{dx} = y' = p$ ist, und folglich $dy = y'dx = pdx$. Hat man u, v, z etc. als gegebene Funktionen von x, so bezeichnet man deren Differenzial-Quotienten und Differenzial-Koeffizienten in ähnlicher Weise durch $\frac{du}{dx} = u'$, $\frac{dv}{dx} = v'$, $\frac{dz}{dx} = z'$ etc.

Aus der Entstehungsweise von $\frac{dy}{dx} = B = y' = p$ erhellet, daß dy immer der Größe von dx proportionirt ist, daß folglich, wie verschieden man auch Δx annehmen möge, die aus dieser Verschiedenheit hervorgehenden dy einer Funktion, durch die bezüglichen dx dividirt, alle dieselbe Größe $B = p$ geben, und daß demnach der Differenzial-Quotient derselben Funktion immer derselbe ist, wie sich auch x durch Δx ändern möge. Hieraus folgt denn aber auch, daß der Differenzial-Quotient einer gegebenen Funktion eine konstante Größe ist.

Da in dem Werthe des Differenzial-Quotienten der gegebenen Funktion, das ist in

$$\frac{dy}{dx} = B = B' + 2C'x + 3D'x^2 + 4E'x^3 + \ldots$$

das konstante A' der gegebenen Funktion nicht mehr vorkommt, so folgt daraus, daß das konstante Glied einer Reihe für die Bildung ihres Differenzial-Quotienten gleich Null zu achten ist, oder, wie man sich gewöhnlich auszudrücken pflegt, daß das Differenzial einer konstanten Größe gleich Null ist.

Da ferner für

$$y = A' + B'x + C'x^2 + D'x^3 + E'x^4 + \ldots$$

der Differential-Quotient

$$\frac{dy}{dx} = B' + 2C'x + 3D'x^2 + 4E'x^3 + \ldots$$

ist, so läßt sich danach leicht der Differenzial-Quotient einer Funktion finden, die nach ganzen Exponenten ihrer Veränderlichen fortschreitet. Denn man darf nur die Glieder nach den Potenzen ordnen, und dann mit der gegebenen Funktion vergleichen. Ist z. B. $y = ax^2 + b = b + 0.x + ax^2$, so ist $A' = b$, $B' = 0$, $C' = a$, folglich $\frac{dy}{dx} = 0 + 2C'x = 2ax$.

§. 2.

Den Differenzial-Quotienten eines Monomium erhält man, wenn die Potenz der Veränderlichen um 1 vermindert und dann mit dem gegebenen Exponenten multiplicirt wird. Ist z. B. $y = x^n$, so ist $\frac{dy}{dx} = nx^{n-1}$.

Denn nach §. 1. ist für $y = A' + B'x + C'x^2 + \ldots + U'x^m$

$$\frac{dy}{dx} = B' + 2C'x + 3D'x^2 + 4E'x^3 + 5F'x^4 + \ldots + mU'x^{m-1},$$

wo $mU'x^{m-1}$ das allgemeine Glied der Reihe für $\frac{dy}{dx}$ genannt werden möge, so wie $U'x^m$ das allgemeine Glied der Reihe für y.

Ist nun ein Monomium von x (z. B. $2ax^5 = F'x^5$) irgend einem Gliede der Reihe für y gleich, d. h. sind die Koeffizienten aller übrigen Glieder für dieses Monomium gleich Null, so sind dieselben Koeffizienten natürlich auch in der Reihe für $\frac{dy}{dx}$ Null, und es verschwinden alle Glieder dieser Reihe bis auf dasjenige, welches dem Koeffizienten des gegebenen Monomium zugehört. Ist also ein Monomium dem allgemeinen Gliede für y gleich, d. h. sind für das Monomium alle Koeffizienten der Reihe für y, welche dem allgemeinen Gliede vorhergehen und nachfolgen, Null; so sind auch in der Reihe für $\frac{dy}{dx}$ alle Glieder bis auf das allgemeine gleich Null, das ist: Setzt man $y = U'x^m$, so ist $\frac{dy}{dx} = mU'x^{m-1}$. Hieraus geht hervor, daß man von einem Monomium mit einem ganzen Exponenten der Veränderlichen den Differenzial-Quotienten erhält, wenn man das Monomium mit dem Exponenten seiner Veränderlichen multiplicirt und im Produkte den Exponenten der Veränderlichen um 1 vermindert.

Zusatz. Aus $\frac{dy}{dx} = mU'x^{m-1}$ folgt

$$dy = mU'x^{m-1}.dx \text{ für } y = U'x^m,$$

d. h. das Differenzial der ganzen Potenz einer veränderlichen Größe ist gleich dem Exponenten dieser Potenz, multiplicirt mit der um 1 verminderten Potenz der veränderlichen Größe, und multiplicirt mit dem Differenzial der veränderlichen Größe nebst dem etwa gegebenen konstanten Faktor.

§. 3.

Der Differenzial-Quotient eines Polynoms ist gleich der Summe der Differenzial-Quotienten seiner Glieder oder seiner Monomien. Ist z. B. $y = x^3 + 2ax^2 + 6cx$, so ist

$$\frac{dy}{dx} = 3x^2 + 4ax + 6c.$$

Denn hat man ein Polynomium, dessen Monomien oder einzelne Glieder gewissen Gliedern der Reihe für y gleich sind, so sind die Koeffizienten der übrigen Glieder der Reihe für Null zu achten; dieselben Koeffizienten sind dann aber in der Reihe für $\frac{dy}{dx}$ Null. Folglich bleiben dann in der Reihe für $\frac{dy}{dx}$ nur diejenigen Glieder übrig, welche zu den Koeffizienten der Monomien des Polynoms gehören. Eben dasselbe erhält man aber auch, wenn man von jedem besondern Gliede den Differenzial-Quotienten nach der in §. 2 gefundenen Regel nimmt, und diese einzelnen Differenzial-Quotienten addirt. Da man nun jedes Polynomium als Summe von Monomien betrachten kann, so folgt, daß der Differenzial-Quotient eines Polynoms gleich ist der Summe der Differenzial-Quotienten seiner Glieder.

Wenn also u, v, w etc. monomische Funktionen von x sind, und $y = u + v + w + \ldots$ ist, so ist

$$\frac{dy}{dx} = \frac{du}{dx} + \frac{dv}{dx} + \frac{dw}{dx} + \ldots$$

Zusatz. Aus dieser letzten Gleichung folgt

$$dy = du + dv + dw + \ldots$$

d. h. das Differenzial der Summe mehrer Funktionen von x ist gleich der Summe der Differenzialen dieser Funktionen.

§. 4.

Aus $\frac{dy}{dx} = p$ folgt $\frac{dx}{dy} = \frac{1}{p}$,

d. h. macht man in der gegebenen Funktion $y = f(x)$ das y zur unabhängig Veränderlichen, so daß also $x = \varphi(y)$ ist, so ist der Differenzial-Koeffizient der letztern Funktion dem umgekehrten Differenzial-Koeffizienten der erstern Funktion gleich.

Ist z. B. 1) $y = x^2$, folglich 2) $x = \sqrt{y}$, so ist aus 1) $\frac{dy}{dx} = 2x = 2\sqrt{y}$ und aus 2) der Differenzial-Quotient $\frac{1}{2}y^{\frac{1}{2}-1} = \frac{1}{2}y^{-\frac{1}{2}} = \frac{1}{2\sqrt{y}}$, folglich der letztere Differenzial-Quotient dem umgekehrten ersteren gleich.

Zusatz. In $dy = p.dx$ kann man y als Funktion von x, und x als Funktion von y betrachten.

§. 5.

Das Differenzial einer abhängigen Funktion erhält man, wenn man den Differenzial-Koeffizienten derselben mit dem Differenzial der abhängigen Funktion multiplicirt.

Hat man $y = f(z)$, wo $z = f(x)$ ist, und nennt man $y = f(z)$ die abhängige, und $z = f(x)$ die unabhängige Funktion, so ist $dy = y'.dz$.

Nun kann man sich in $z = f(x)$ das x so verändert denken, daß das Differenzial von $f(x)$, das ist $z'.dx$ dem dz in $dy = y'.dz$ gleich wird. Alsdann ist durch Substitution $dy = y'.z'.dx$. Folglich ist die im Anfange des §. aufgestellte Behauptung richtig.

Zusatz. Aus dem Beweise folgt zugleich, daß man in dem Ausdruck $dy = y'.dz$ das z als Funktion irgend einer Veränderlichen betrachten könne.

§. 6.

Den Differenzial-Quotienten eines Produkts erhält man, wenn man den Differenzial-Koeffizienten jedes Faktors mit den übrigen Faktoren multiplicirt und die erhaltenen Produkte addirt.

Ist z. B. $y = u.v$, so ist $\frac{dy}{dx} = u.v' + v.u'$.

Sind u und v Funktionen von x, so fragt sich, wie groß der konstante Differential-Quotient bei beliebiger Veränderung des x sei, wenn man $y = u.v$ setzt.

Durch Aenderung des x in $x + \Delta x$ erhält man

$$y + \Delta y = (u + \Delta u)(v + \Delta v) \text{ oder}$$
$$y + \Delta y = u.v + u.\Delta v + v.\Delta u + \Delta u.\Delta v, \text{ folglich}$$
$$\Delta y = u.\Delta v + v.\Delta u + \Delta u.\Delta v.$$

Ordnet man die Reihen für Δv und Δu nach Potenzen von Δx, so ist

$$\Delta v = v'.\Delta x + v''.\Delta x^2 + \dots \text{ und}$$
$$\Delta u = u'.\Delta x + u''.\Delta x^2 + \dots, \text{ folglich}$$
$$\Delta y = u.\Delta v + v.\Delta u + \Delta u.\Delta v = \left.\begin{matrix} u.v' \\ +v.u' \end{matrix}\right| \Delta x + \left.\begin{matrix} u.v'' \\ +v.u'' \\ +u'.v' \end{matrix}\right| \Delta x^2 + \dots$$

Setzt man nun $(u.v' + v.u')dx =$ der für Δy gefundenen Reihe, so bleibt natürlich Δy seinem Werthe nach unverändert, und es ist $\Delta y = (u.v + v.u')dx$, woraus folgt,

$$1) \quad \frac{dy}{dx} = u.v' + v.u' \text{ für } y = u.v.$$

Setzt man $y = u.r.z = u.v$, indem $v = r.z$ ist, so ist $\frac{dv}{dx} = v' = r.z' + z.r'$, folglich, wenn dies in $\frac{dy}{dx} = u.v' + v.u'$ substituirt wird,

$$2) \quad \frac{dy}{dx} = u.r.z' + u.z.r' + r.z.u'.$$

Aus 2) kann man die Richtigkeit des Satzes für 4 Faktoren und aus diesen für 5 Faktoren und so fort beweisen; folglich ist der Satz für jede beliebige Anzahl von Faktoren richtig.

Zusatz. Da $v' = \frac{dv}{dx}$ und $u' = \frac{du}{dx}$ ist, so erhält man durch Substitution in 1)

$$dy = u.dv + v.du,$$

vorausgesetzt, daß das dx in $\frac{dy}{dx}$ nicht verschieden ist von dem dx in $\frac{dv}{dx}$ und $\frac{du}{dx}$. Da aber $\frac{dv}{dx}$ und $\frac{du}{dx}$ nichts anderes bedeuten als konstante Verhältnisse der Exponenten v' und u', so kann man sich unter allen Umständen das dx in $\frac{dv}{dx}$ und $\frac{du}{dx}$ so groß denken, daß es dem dx in $\frac{dy}{dx}$ gleich ist. Demnach ist

$$dy = u.dv + v.du \text{ für } y = u.v,$$

d. h. das Differenzial des Produktes zweier Funktionen derselben Veränderlichen (x) ist gleich der Summe der Produkte des einen Faktors mit dem Differenzial des andern Faktors.

Hieraus läßt sich nun sehr leicht weiter schließen, daß man das Differenzial eines Produkts erhält, wenn man das Differenzial jedes Faktors mit den übrigen Faktoren multiplicirt, und die erhaltenen Produkte addirt.

§. 7.

Den Differenzial-Quotienten eines Bruches erhält man, wenn man vom Produkte aus dem Nenner und dem Differenzial-Koeffizienten des Zählers das Produkt aus dem Zähler und dem Differenzial-Koeffizienten des Nenners abzieht, und den Rest durch das Quadrat des Nenners dividirt. Für $y = \frac{u}{v}$, wenn u und v Funktionen von x sind, ist also

$$\frac{dy}{dx} = \frac{v.u' - u.v'}{v^2}.$$

Denn ändert man x in den Funktionen u und v um Δx, so erhält man

$$y + \Delta y = \frac{u + \Delta u}{v + \Delta v} = \frac{u + u'.\Delta x + u''.\Delta x^2 + u'''.\Delta x^3 + \ldots}{v + v'.\Delta x + v''.\Delta x^2 + v'''.\Delta x^3 + \ldots}$$

oder, wenn die Division wirklich vollzogen wird,

$$y + \Delta y = \frac{u}{v} + \frac{v.u' - u.v'}{v^2}.\Delta x + \varphi.\Delta x^2 + \ldots,$$

daher $\Delta y = \frac{v.u' - u.v'}{v^2} \Delta x + \varphi.\Delta x^2 + \ldots,$

wo φ der Kürze wegen gesetzt ist für den durch die Division sich ergebenden Koeffizienten von Δx^2.

Setzt man nun

$\frac{v.u' - u.v'}{v^2}.dx =$ der für Δy zuletzt gefundenen Reihe,

so ist $\Delta y = \frac{v.u' - u.v'}{v^2}.dx$, also

$$\frac{dy}{dx} = \frac{v.u' - u.v'}{v^2}.$$

Zusatz. Da $u' = \frac{du}{dx}$ und $v' = \frac{dv}{dx}$ ist, so ist nach gehöriger Reduktion

$$dy = \frac{v.du - u.dv}{v^2} \text{ für } y = \frac{u}{v},$$

d. h. man erhält das Differenzial eines Bruches, wenn man vom Produkte aus dem Nenner und dem Differenzial des Zählers abzieht das Produkt aus dem Zähler und dem Differenzial des Nenners und den erhaltenen Rest durch das Quadrat des Nenners dividirt.

§. 8.

Das Differenzial von x^m ist gleich dem Produkte von dx mit dem Exponenten und mit der um 1 verminderten Potenz der Veränderlichen, es mag m eine positive, negative, ganze oder gebrochene Zahl sein. Ist also $y = x^m$, so ist

$$dy = d(x^m) = m.x^{m-1}.dx.$$

Es sei m eine positive ganze Zahl, so ist

$$x^m = x.x.x....,$$

wo also die einzelnen Funktionen von x, welche in §. 6 ganz allgemein mit u, v, r, z.... bezeichnet wurden, alle unter einander gleich und zwar gleich x. Da man nun das Differenzial eines Produkts von m gleichen Faktoren erhält, wenn man das Differenzial jedes Faktors mit den übrigen m—1 Faktoren, also mit x^{m-1} multiplicirt und folglich dadurch m solcher Produkte zu addiren erhält, so ist $d(x^m) = mx^{m-1}.dx$, wo m eine positive ganze Zahl ist.

Es sei m eine negative ganze Zahl, folglich $y = x^{-m}$, so ist $y = \frac{1}{x^m}$, folglich $dy = d(y^{-m}) = d\left(\frac{1}{x^m}\right)$

$$= \frac{x^m d(1) - 1.d(x^m)}{(x^m)^2} \text{ (nach §. 7. Zus.) } = - \frac{mx^{m-1}.dx}{x^{2m}}$$

[weil $d(1) = 0$] $= -mx^{-m-1}.dx.$

Es sei n eine positive ganze Zahl, so folgt aus $y = x^n$, daß $x = y^{\frac{1}{n}}$ ist. Betrachtet man y als die unabhängig Veränderliche, so ist der Differenzial-Koeffizient von $x = y^{\frac{1}{n}}$ dem umgekehrten Differenzial-Koeffizienten von $y = x^n$ gleich. Nun ist der Differenzial-Koeffizient von $y = x^n$ gleich $n.x^{n-1}$, folglich ist der Differenzial-Koeffizient von $x = y^{\frac{1}{n}}$ gleich $\frac{1}{n.x^{n-1}} =$

$$\frac{1}{n\left(y^{\frac{1}{n}}\right)^{n-1}} = \frac{1}{ny^{1-\frac{1}{n}}} = \frac{1}{n} y^{\frac{1}{n}-1}, \text{ folglich}$$

$$dy^{\frac{1}{n}} = \frac{1}{n} y^{\frac{1}{n}-1} . dy$$

oder, wenn man x statt y setzt,

$$dx^{\frac{1}{n}} = \frac{1}{n} x^{\frac{1}{n}-1} . dx.$$

Ist nun $m = \frac{r}{n}$, also gleich einem positiven Bruche, so setze man $y = x^{\frac{r}{n}} = \left(x^{\frac{1}{n}}\right)^r = z^r$, folglich $z = x^{\frac{1}{n}}$, so ist

$$dy = rz^{r-1}.dz \text{ und } dz = \frac{1}{n} x^{\frac{1}{n}-1} . dx,$$

folglich durch Substitution

$$dy = d\left(x^{\frac{r}{n}}\right) = r\left(x^{\frac{1}{n}}\right)^{r-1} . \frac{1}{n} x^{\frac{1}{n}-1} . dx \text{ oder}$$

$$d\left(x^{\frac{r}{n}}\right) = \frac{r}{n} x^{\frac{r}{n}-1} . dx.$$

Ist endlich $m = -\frac{r}{n}$, also gleich einem negativen Bruche, so setze man $y = x^{-\frac{r}{n}} = \frac{1}{x^{\frac{r}{n}}}$ und berechne dy nach der Formel $\frac{v.du - u.dv}{v^2}$, indem $v = x^{\frac{r}{n}}$ und $u = 1$ ist. Alsdann erhält man $\frac{-\frac{r}{n} x^{\frac{r}{n}-1} . dx}{x^{\frac{2r}{n}}}$, das ist $d\left(x^{-\frac{r}{n}}\right) = -\frac{r}{n} x^{-\frac{r}{n}-1} . dx.$

§. 9.

Die Maclaurinsche Reihe.

Ist $y = A + Bx + Cx^2 + Dx^3 + Ex^4 + Fx^5 + \ldots$, so ist, für $x = 0$, $y = A$ oder in Zeichen $y_{x=0} = A$. Ferner ist

$$\frac{dy}{dx} = p = B + 2Cx + 3Dx^2 + 4Ex^3 + 5Fx^4 + \ldots, \text{ also}$$

$$p_{x=0} = B. \text{ Ferner ist}$$

$$\frac{dp}{dx} = q = 2C + 6Dx + 12Ex^2 + 20Fx^3 + \ldots, \text{ also}$$

$q_{x=0} = 2C$ oder $C = \frac{1}{2} q_{x=0}$. Ferner ist

$$\frac{dq}{dx} = r = 6D + 24Ex + 60Fx^2 + \ldots, \text{ also}$$

$r_{x=0} = 6D$ oder $D = \frac{1}{1.2.3} r_{x=0}$. Ferner ist

$$\frac{dr}{dx} = s = 24E + 120Fx + \ldots, \text{ also}$$

$$s_{x=0} = 24E \text{ oder } E = \frac{1}{1.2.3.4} r_{x=0}.$$

Substituirt man die für A, B, C, D, E..... gefundenen Werthe in die für y angenommene Reihe, so ist

$$y = y_{x=0} + p_{x=0} . x + \frac{1}{1.2} q_{x=0} . x^2 + \frac{1}{1.2.3} r_{x=0} . x^3 + \ldots\ldots$$

Diese Reihe wird von ihrem Erfinder Maclaurin die Maclaurinsche genannt.

1. Zusatz. Ist $y = (a+x)^m$, so ist

$$y_{x=0} = a^m, \quad p_{x=0} = ma^{m-1},$$

$$q_{x=0} = m(m-1)a^{m-2}, \quad r_{x=0} = m(m-1)(m-2)a^{m-3},$$

$$s_{x=0} = m(m-1)(m-2)(m-3)a^{m-4} \text{ etc.},$$

folglich, in die Maclaurinsche Reihe substituirt,

$$y = (a+x)^m = a^m + ma^{m-1} . x + \frac{m(m-1)}{1.2} a^{m-2} . x^2 + \ldots,$$

wodurch also der binomische Lehrsatz bewiesen ist für ganze und gebrochene, positive und negative Exponenten.

2. Zusatz. In der Maclaurinschen Reihe heißen p, q, r, s.... respektive der erste, zweite, dritte, vierte Differenzial-Koeffizient, die man auch respektive zu bezeichnen pflegt mit $\frac{dy}{dx}, \frac{d^2y}{dx^2}, \frac{d^3y}{dx^3}, \frac{d^4y}{dx^4}$..... und nennt dann d^2y, d^3y, d^4y.... respektive das zweite, dritte, vierte Differenzial der Funktion y. Aus der Deduktion der Maclaurinschen Reihe geht hervor, daß man den folgenden Differenzial-Koeffizienten erhält, wenn man den Differenzial-Koeffizienten des vorhergehenden nimmt aus dem für den vorhergehenden gefundenen Werthe.

3. Zusatz. In den Nennern der letztern Bezeichnung kommt dx mit steigenden Exponenten vor, z. B. für den zweiten Differenzial-Quotienten ist dx^2 im Nenner. Es fragt sich nun, ob diese Bezeichnung des Nenners mit Exponenten willkührlich oder nothwendig ist. Antwort. Sie ist zwar nicht ganz willkührlich, aber auch nicht nothwendig; enthält indeß keine Unrichtigkeit, wie aus folgenden Betrachtungen hervorgeht.

Da $\frac{dy}{dx} = p$ ein konstantes Verhältniß vom Exponenten p ist, so kann man sich die Verhältnißzahlen dy und dx so denken, daß dieses dx so groß ist, als das dx, welches in $\frac{dp}{dx} = q$ enthalten ist. Aus $\frac{dy}{dx} = p$ folgt nun $dy = p.dx$, und daher

$$d(dy) = d(p.dx) = dp.dx,$$

weil dx eine zwar beliebig große oder kleine, jedoch bestimmte Größe ist, die folglich hier nur als Koeffizient der Funktion p betrachtet werden darf. Dividirt man die zuletzt erhaltene Gleichung durch dx, so ist $\frac{d(dy)}{dx} = \frac{dp}{dx}dx = q.dx$, weil $\frac{dp}{dx} = q$ ist. Folglich ist $\frac{d(dy)}{dx^2} = q$, aber nur unter der oben für dx angegebenen Bedingung. Statt d(dy) schreibt man gewöhnlich d^2y, und so erklärt sich denn die im 2. Zusatz für q angegebene Bezeichnung $\frac{d^2y}{dx^2}$.

4. Zusatz. Der mte Differenzial-Koeffizient der Funktion x^m ist eine konstante Größe, wenn m eine positive ganze Zahl ist. Der $(m+1)$ste Differenzial-Koeffizient ist dann gleich 0.

§. 10.

Der Taylorsche Lehrsatz.

Aus $y = A + Bx + Cx^2 + Dx^3 + Ex^4 + Fx^5 + \ldots\ldots$ erhält man

$$\Delta y = \begin{array}{c|c|c|c|l} B & \Delta x + \quad C & \Delta x^2 + \quad D & \Delta x^3 + \quad E & \Delta x^4 + \ldots \\ +2Cx & +\ 3Dx & +\ 4Ex & +5Fx & \\ +3Dx^2 & +\ 6Ex^2 & +10Fx^2 & + & \\ +4Ex^3 & +10Fx^3 & + & \vdots & \\ +5Fx^4 & + & \vdots & & \\ + & \vdots & & & \\ \vdots & & & & \end{array}$$

und $p = B + 2Cx + 3Dx^2 + 4Ex^3 + 5Fx^4 + \ldots.$
und daraus

$$1)\ \frac{dp}{dx} = q = 2C + 6Dx + 12Ex^2 + 20Fx^3 + \ldots,$$

$$\text{also } \frac{q}{2} = C + 3Dx + 6Ex^2 + 10Fx^3 + \ldots.$$

Aus 1) erhält man

$$2)\ \frac{dq}{dx} = r = 6D + 24Ex + 60Fx^2 + \ldots, \text{ also}$$

$$\frac{r}{1.2.3} = D + 4Ex + 10Fx^2 + \ldots.$$

Aus 2) erhält man

$$\frac{dr}{dx} = s = 24E + 120Fx + \ldots, \text{ also}$$

$$\frac{s}{24} = \frac{s}{1.2.3.4} = E + 5Fx + \ldots.$$

Es sind also $p, \frac{q}{1.2}, \frac{r}{1.2.3}, \frac{s}{1.2.3.4}$ etc. die Koeffizienten der Reihe für Δy. Folglich erhält man durch Substitution

$$\Delta y = p.\Delta x + \frac{q}{1.2}\Delta x^2 + \frac{r}{1.2.3}\Delta x^3 + \frac{s}{1.2.3.4}\Delta x^4 + \ldots.$$

Diese Reihe wird der Taylorsche Lehrsatz genannt.

§. 11.

Maxima und Minima einer Funktion.

Hat man $y = f(x)$ und läßt x um Δx wachsen und abnehmen, so erhält man nach dem Taylorschen Lehrsatze

$$y + \Delta y = y + p.\Delta x + \frac{q\Delta x^2}{1.2} + \frac{r.\Delta x^3}{1.2.3} + \ldots \text{ und}$$

$$y - \Delta y = y - p.\Delta x + \frac{q.\Delta x^2}{1.2} - \frac{r.\Delta x^3}{1.2.3} + \ldots.$$

Denkt man sich nun Δx so beschaffen, daß $\frac{q.\Delta x^2}{1.2}$ größer wird als die Summe aller folgenden Glieder, und nimmt man zugleich an, daß für irgend einen Werth von x werde $p = 0$

und q entweder positiv oder negativ; so ist für ein positives q sowohl $y+\Delta y$ als auch $y-\Delta y$ größer als y, und für ein negatives q dagegen sowohl $y+\Delta y$ als $y-\Delta y$ kleiner als y, d. h. es ist im ersten Falle f(x) ein Kleinstes, und im zweiten Falle ein Größtes. Die Bedingung, unter welcher y ein Kleinstes wird, ist also, daß für x ein Werth gesetzt werde, durch welchen p verschwindet und q positiv wird; und die Bedingung, unter welcher y ein Größtes wird, ist, daß für x ein Werth gesetzt werde, durch welchen p verschwindet und q negativ wird. Will man also bei einer vorgelegten Funktion y untersuchen, ob und für welchen Werth von x sie ein Größtes oder Kleinstes sei, so setze man $p=0$ und bestimme aus dieser Gleichung den Werth von x. Wird nun für diesen Werth q positiv, so ist y für diesen Werth von x ein Kleinstes; wird hingegen q dafür negativ, so ist y für diesen Werth von x ein Größtes.

Zusatz. Ganz allgemein läßt sich beweisen, daß die Funktion ein Größtes oder Kleinstes wird, wenn der 2te, 4te, 6te.... 2nte Differenzial-Koeffizient negativ wird und zugleich alle vorhergehenden Differenzial-Koeffizienten verschwinden oder gleich Null werden.

§. 12.

Werth des Bruches $\frac{0}{0}$.

Hat man $y=\frac{u}{v}$, wo u und v Funktionen von x sind, und ändert man x um Δx, so ist nach dem Taylorschen Lehrsatze

$$y+\Delta y=\frac{u+\Delta u}{v+\Delta v}=\frac{u+p.\Delta x+\frac{q.\Delta x^2}{1.2}+\dots}{v+P.\Delta x+\frac{Q.\Delta x^2}{1.2}+\dots}.$$

Wird nun für einen gewissen Werth von x das $u=0$ und $v=0$, also $y=\frac{0}{0}$, so ist für diesen Werth

$$y+\Delta y=\frac{p.\Delta x+\frac{q.\Delta x^2}{1.2}+\dots}{P.\Delta x+\frac{Q.\Delta x^2}{1.2}+\dots} \text{ oder}$$

$$y+\Delta y=\frac{p+\frac{q.\Delta x}{1.2}+\dots}{P+\frac{Q.\Delta x}{1.2}+\dots}.$$

Setzt man nun $\Delta x = 0$, so ist auch $\Delta y = 0$ und folglich

$$\text{dann } y = \frac{p}{P},$$

d. h. man erhält für den bestimmten Werth von x, welcher sowohl den Zähler als auch den Nenner in Null verwandelt, den wahren Werth von y, wenn man den Differenzial-Koeffizienten des Zählers durch den Differenzial-Koeffizienten des Nenners dividirt.

Zusatz. Die eben gezeigte Art, den Werth von $\frac{0}{0}$ zu bestimmen, ist nur anwendbar, wenn der Zähler und Nenner aus rationalen Funktionen bestehen. Sie ist also nicht mehr anwendbar, wenn für einen bestimmten Werth von x eine Wurzelgröße, z. B. $(x^2 - a^2)^{\frac{3}{2}} = \sqrt{(x^2 - a^2)^3}$ verschwindet.

§. 13.

Exponentialfunktionen.

Ist $y = a^x$, so ist $x = \log y$, folglich $dx = d.\log y$. Verändert man x in $y = a^x$ um Δx, so erhält man

$$\Delta y = a^{x+\Delta x} - a^x = a^x(a^{\Delta x} - 1).$$

Nach dem binomischen Lehrsatze ist nun, wenn man $a - 1 = b$ setzt,

$$a^{\Delta x} = (1 + a - 1)^{\Delta x} = (1 + b)^{\Delta x}$$

$$= 1 + \Delta x . b + \frac{\Delta x(\Delta x - 1)}{1.2} b^2 + \frac{\Delta x(\Delta x - 1)(\Delta x - 2)}{1.2.3} b^3 + \ldots$$

oder, wenn man nach Potenzen von Δx ordnet,

$$a^{\Delta x} = 1 + \left.\begin{array}{l} b\,. \\ -\frac{b^2}{1.2} \\ +\frac{2b^3}{1.2.3} \\ -\frac{2.3b^4}{1.2.3.4} \\ +\ldots\ldots \end{array}\right| \Delta x + \left.\begin{array}{l} b^2\,. \\ -\frac{3b^3}{1.2.3} \\ +\ldots\ldots \end{array}\right| \Delta x^2 + \left.\begin{array}{l} \frac{b^3}{1.2.3} \\ +\ldots\ldots \end{array}\right| \Delta x^3 + \ldots\ldots$$

und nun die Koeffizienten von Δx, Δx^2, Δx^3.... der Reihe nach mit A, B, C.... bezeichnet, so ist

$$a^{\Delta x} = 1 + A.\Delta x + B.\Delta x^2 + C.\Delta x^3 + \ldots, \text{ folglich}$$

$$a^x(a^{\Delta x}-1) = \Delta y = a^x(-1+1+A.\Delta x+B.\Delta x^2+\ldots)$$
$$\text{oder } \Delta y = a^x(A.\Delta x+B.\Delta x^2+\ldots).$$

Setzt man $A.dx = A.\Delta x+B.\Delta x^2+\ldots$, so ist

$$\Delta y = Aa^x.dx, \text{ das ist}$$

1) $\frac{dy}{dx} = A.a^x$ oder, da $dx = d.\log y$ und $y = a^x$ ist,

2) $\frac{dy}{A.y} = d.\log y.$

Es wurde $A =$ dem Koeffizienten von Δx gesetzt, folglich ist

$$A = b - \frac{b^2}{2} + \frac{b^3}{3} - \frac{b^4}{4} + \ldots$$

oder, da $b = a - 1$ ist,

$$A = (a-1) - \frac{(a-1)^2}{2} + \frac{(a-1)^3}{3} - \frac{(a-1)^4}{4} + \ldots$$

d. h. es ist $\frac{1}{A}$, welches in $d.\log y = \frac{dy}{A.y}$ vorkommt, der Modulus des Logarithmensystems für die Grundzahl a. Da nun in dem natürlichen Logarithmensysteme $A = 1$ ist, so hat man für die natürlichen Logarithmen

$$3)\quad d.\log y = \frac{dy}{y}.$$

1. Zusatz. Da nach 1) $dy = A.a^x.dx$, so ist

$$d^2y = A.dx.d(a^x) = A^2.a^x.dx^2,$$
$$d^3y = A^2.dx^2.d(a^x) = A^3.a^x.dx^3 \text{ etc.}$$

oder für die natürlichen Logarithmen, in welchen man die Grundzahl a mit e zu bezeichnen pflegt,

$$dy = e^x.dx, \quad \text{oder } p = e^x$$
$$d^2y = e^x.dx^2, \text{ oder } q = e^x$$
$$d^3y = e^x.dx^3 \text{ etc., oder } r = e^x \text{ etc.}$$

Substituirt man diese Werthe p, q, r etc. für $x = 0$ in die Maclaurinsche Reihe, so erhält man

$$y = e^x = 1 + x + \frac{x^2}{1.2} + \frac{x^3}{1.2.3} + \ldots$$

Setzt man $x = 1$, so ist

$$e = 1 + 1 + \frac{1}{1.2} + \frac{1}{1.2.3} + \ldots = 2{,}7182818\ldots$$

2. Zusatz. Ist $y = a^x$, so ist $x \log. a = \log. y$, also

$$dx.\log.a = d.\log.y. \text{ Aber}$$

$$d.\log.y = \frac{dy}{y}, \text{ folglich}$$

$$\frac{dy}{y} = dx.\log.a \text{ oder}$$

$$d.a^x = a^x.\log.a.dx.$$

Nun war aber auch nach 1) $\frac{dy}{dx} = A.a^x$, das ist

$$d.a^x = A.a^x.dx, \text{ folglich ist}$$

$$A.a^x.dx = a^x.\log.a.dx, \text{ woraus folgt}$$

$A = \log.\text{nat.}\, a$ für das System mit der Basis a.

Sucht man für diesen Werth von A nach dem 1. Zus. die Differenzial-Koeffizienten p, q, r.... und substituirt diese in die Maclaurinsche Reihe, so erhält man

$$y = a^x = 1 + (\log.a)x + \frac{(\log.a)^2.x^2}{1.2} + \frac{(\log.a)^3.x^3}{1.2.3} + \ldots,$$

wobei aber zu merken ist, daß die in der Reihe vorkommenden Logarithmen aus den Tafeln der natürlichen Logarithmen genommen werden müssen.

3. Zusatz. Setzt man in der im 2. Zus. gefundener Reihe $x = 1$ und für log. nat. a wieder A, so findet man

$$a = 1 + A + \frac{A^2}{1.2} + \frac{A^3}{1.2.3} + \ldots$$

Vermittelst dieses Ausdrucks kann man die Grundzahl a eines beliebigen logarithmischen Systemes finden, wenn der Modul $\frac{1}{A}$ gegeben ist. Für $A = 1$ erhält man auch wieder für das natürliche Logarithmensystem, wie im 1. Zus., die Basis dieses Systems $e = 1 + \frac{1}{1.2} + \frac{1}{1.2.3} + \ldots$

4. Zusatz. Setzt man in dem für e^x des 1. Zus. gefundenen Ausdruck $x = A$, so erhält man

$$e^A = 1 + A + \frac{A^2}{1.2} + \frac{A^3}{1.2.3} + \ldots$$

Vergleicht man diesen Ausdruck mit dem für a im 3. Zus. gefundenen, so folgt, daß $e^A = a$ ist, folglich

$$A . \log . e = \log . a \text{ oder}$$

$$A = \frac{\log . a}{\log . e}, \text{ also } \frac{1}{A} = \frac{\log . e}{\log . a}.$$

5. Zusatz. Aus $y = a^x$ erhält man $dy = A . a^x . dx$, folglich 1) $dx = \frac{dy}{A . a^x} = \frac{dy . \log . e}{y . \log . a}$. Man hat aber aus $y = a^x$ auch zugleich $x . \log . a = \log . y$, folglich 2) $dx = \frac{d . \log . y}{\log . a}$. Demnach ist aus 1) und 2) $\frac{d . \log . y}{\log . y} = \frac{dy . \log . e}{y . \log . a}$ oder

$$d . \log . y = \frac{dy}{y} \log . e.$$

6. Zusatz. Da nun im §. auch $d . \log . y = \frac{dy}{y} . \frac{1}{A}$ gefunden wurde, so folgt, daß $\frac{1}{A} = \log . e$ ist für das System mit der Basis a.

7. Zusatz. Nach den bisherigen Sätzen läßt sich nun leicht eine (stark konvergirende) Reihe finden, nach welcher die natürlichen Logarithmen berechnet werden können. Denn man nehme $\log . (1+x)$, so ist, nach der Formel $d . \log . y = \frac{dy}{y}$,

$$d . \log . (1+x) = \frac{d(1+x)}{1+x},$$

folglich der Differenzial-Koeffizient $p = \frac{1}{1+x}$, $q = \frac{-1}{(1+x)^2}$, $r = \frac{2}{(1+x)^3}$, $s = \frac{-2.3}{(1+x)^4}$ etc. Setzt man diese Werthe von p, q, r, s etc. für $x = 0$ in die Maclaurinsche Reihe, so erhält man

$$y = \log . (1+x) = x - \frac{x^2}{2} + \frac{x^3}{3} - \frac{x^4}{4} + \frac{x^5}{5} - \ldots,$$

folglich

$$\log . (1-x) = -x - \frac{x^2}{2} - \frac{x^3}{3} - \frac{x^4}{4} + \frac{x^5}{5} - \ldots,$$

und daher $\log . (1+x) - \log . (1-x)$ oder

$$\log . \left(\frac{1+x}{1-x}\right) = 2\left(x + \frac{x^3}{3} + \frac{x^5}{5} + \ldots\right).$$

Setzt man nun $\frac{1+x}{1-x} = \frac{n+z}{n}$, woraus $x = \frac{z}{2n+z}$ folgt, so ist $\log.\left(\frac{n+z}{n}\right) = \log.(n+z) - \log. n$, und daher

$$\log.(n+z) =$$
$$\log. n + 2\left[\frac{z}{2n+z} + \frac{1}{3}\left(\frac{z}{2n+z}\right)^3 + \frac{1}{5}\left(\frac{z}{2n+z}\right)^5 + \ldots\right],$$

welches für $z = 1$ und ein ganzzahliges n eine sehr stark konvergirende Reihe ist, nach welcher man den natürlichen Logarithmus jeder beliebigen ganzen Zahl finden kann.

§. 14.

Erklärungen. Fig. 1.

Eine krumme Linie ist eine solche, in der jeder kleinste Theil eine andere Richtung hat, als der nächst vorhergehende oder nächst folgende.

Ist nun M irgend ein kleinster Theil in der Kurve EMN und bedeutet $MN = \Delta\varphi$ den auf M zunächst folgenden kleinsten Theil, so darf MN nicht gekrümmt gedacht werden, weil sonst MN nicht ein kleinster Theil wäre. Denn wäre MN gekrümmt, so ließen sich an ihm wieder Theile unterscheiden, die nicht in derselben Richtung liegen. Es erschiene dann MN als eine Summe von (in verschiedenen Richtungen gelegenen) Theilen, und MN wäre also selbst nicht ein kleinster Theil. Denkt man sich ferner MQ und NQ aufeinander senkrecht, so erscheint MN als Hypotenuse zu den beiden Katheten MQ und NQ.

§. 15.

Differenzial des Bogens. Fig. 1.

Es sei EMN eine beliebige krumme Linie und A der Anfangspunkt der rechtwinkligen Koordinaten. Es sei ferner EM $= \varphi$ und folglich der auf EM nächst folgende kleinste Theil $MN = \Delta\varphi$, so ist, wenn man sich MP und NR senkrecht auf die Abscissenaxe gezogen denkt, $AP = x$, folglich $PR = \Delta x$. Ist endlich MQ auf NR senkrecht gezogen gedacht, so ist $QR = MP = y$, folglich $NQ = \Delta y$ und deßhalb (nach §. 14)

$$MN^2 = MQ^2 + QC^2 \text{ oder}$$
$$\Delta\varphi^2 = \Delta x^2 + \Delta y^2.$$

Betrachtet man y als die abhängig Veränderliche, so ist (nach §. 1) $\Delta y = p \cdot dx$ und folglich (nach §. 4) $\Delta x = \frac{1}{p} dy$, indem man x als die abhängig Veränderliche betrachtet. Substituirt man diese Werthe von Δx und Δy, so ist

$$\Delta\varphi^2 = \frac{dy^2}{p^2} + p^2 \cdot dx^2 \text{ und, da } dy = p \cdot dx \text{ ist,}$$

$$\Delta\varphi^2 = \frac{p^2 \cdot dx^2}{p^2} + p^2 \cdot dx^2$$

$$= dx^2 (1 + p^2), \text{ folglich}$$

$$\Delta\varphi = dx (1 + p^2)^{\frac{1}{2}}, \text{ also}$$

$$\frac{\Delta\varphi}{dx} = \frac{d\varphi}{dx} = (1 + p^2)^{\frac{1}{2}} \text{ oder}$$

$$\frac{d\varphi}{dx} = \sqrt{(1 + p^2)},$$

d. h. man erhält den Differenzial-Quotienten eines Bogens oder einer Kurve überhaupt, wenn man das Quadrat des Differenzial-Koeffizienten ihrer Gleichung um 1 vermehrt und aus der Summe die Quadratwurzel zieht.

Zusatz. Aus $\frac{d\varphi}{dx} = \sqrt{(1 + p^2)}$ folgt

$$d\varphi = \sqrt{(dx^2 + p^2 dx^2)} \text{ oder,}$$

$$\text{weil } p^2 = \frac{dy^2}{dx^2} \text{ ist,}$$

$$d\varphi = \sqrt{(dx^2 + dy^2)} = dx \sqrt{(1 + p^2)},$$

d. h. das Differenzial des Bogens ist gleich der Quadratwurzel aus der Summe der Quadrate der Differenzialien von den beiden Veränderlichen.

§. 16.

Differenzial der Fläche. Fig. 1.

Es sei EMN eine beliebige Kurve, A der Anfangspunkt der rechtwinkligen Koordinaten, $EM = \varphi$, MN als nächst folgender kleinster Theil $= \Delta\varphi$ (folglich $EMN = \varphi + \Delta\varphi$), $AP = x$, $PM = y$, $AR = x + \Delta x$ (also $PR = MQ = \Delta x$), $RN = y + \Delta y$ (also $NQ = \Delta y$).

Bezeichnet man nun die Fläche **AEMP** mit s, so wird die Fläche **PMNR** mit Δs bezeichnet werden müssen. Es ist demnach

$$\Delta s = MP \times PR + \frac{MQ \times QN}{2} \text{ oder}$$

$$\Delta s = y \,.\, \Delta x + \frac{\Delta x \,.\, \Delta y}{2}.$$

Nun ist (nach §. 1) $\Delta y = p \,.\, \Delta x + \frac{q}{2} \Delta x^2 + \ldots.$, folglich

$$\Delta s = y \,.\, \Delta x + \frac{p}{2} \Delta x^2 + \ldots.$$

Setzt man $y \,.\, dx = y \,.\, \Delta x + \frac{p}{2} \Delta x^2 + \ldots.$, so ist

$$\Delta s = y \,.\, dx, \text{ das ist } \frac{ds}{dx} = y,$$

d. h. der Differenzial-Quotient der Fläche einer Kurve ist der Ordinate dieser Kurve gleich.

Zusatz Aus $\frac{ds}{dx} = y$ folgt $ds = y \,.\, dx$,

d. h. das Differenzial der Fläche einer Kurve ist gleich der Ordinate, multiplicirt mit dem Differenzial der Abscisse.

§. 17.

Tangenten und Normalen. Fig. 1.

Man denke sich den kleinsten Theil **MN** der Kurve so weit verlängert, daß die Verlängerung die Abscissenaxe in **B** schneidet, und bezeichne den Winkel, welcher auf der rechten Seite der Verlängerung und oberhalb der Abscissenlinie liegt, mit α, so ist das Dreieck **BMP** ähnlich dem rechtwinklig zu denkenden Dreiecke **MNQ**, folglich $MP : BP = NQ : MQ = \Delta y : \Delta x$.

Da nun die trigonometrische Tangente eines spitzen Winkels im rechtwinkligen Dreiecke das Verhältniß der gegenüber liegenden Kathete zur anliegenden ist, so ist

$$\text{tang.}\, \alpha = \frac{MP}{BP} = \frac{NQ}{MQ} = \frac{\Delta y}{\Delta x},$$

Aber da $\Delta y = p.dx$ und folglich $\Delta x = \frac{1}{p} dy$ (§. 4) ist, so ist

$$\text{tang.}\,\alpha = \frac{p\,.\,dx\,.\,p}{dy}\text{, oder, für das eine p gesetzt. }\frac{dy}{dx}\text{,}$$

1) $\text{tang.}\,\alpha = p$,

d. h. die trigonometrische Tangente des Winkels, welchen die Tangente einer Kurve mit der Abscissenaxe (nach rechts hin und oberhalb) einschließt, ist gleich dem Differenzial-Koeffizienten der Kurvengleichung.

Aus $\text{tang.}\,\alpha = \frac{MP}{BP} = p$ folgt $\frac{y}{BP} = p$ und daher ist

$$2)\ \text{Subtangente (BP)} = y\,.\,\frac{1}{p}\,.$$

Aus $MB^2 = MP^2 + BP^2 = y^2 + \frac{y^2}{p^2} = y^2\left(1 + \frac{1}{p^2}\right)$ folgt

$$3)\ \text{Tangente (MB)} = y\sqrt{\left(1 + \frac{1}{p^2}\right)}\,.$$

Aus $MP^2 = BP\,.\,PD$ (da MD senkrecht auf BM gezogen ist) folgt $y^2 = \frac{y}{p}\,.\,PD$ und daraus

$$4)\ \text{Subnormale (PD)} = y\,.\,p.$$

Aus $ME^2 = MP^2 + PD^2$ folgt $MD^2 = y^2 + y^2\,.\,p^2$ und daraus

$$5)\ \text{Normale (MD)} = y\sqrt{(1 + p^2)}.$$

Zusätze.

1) $\alpha = 90^\circ$, so ist $\text{tang.}\,\alpha = \text{tang.}\,90^\circ = \infty$, d. h. die Tangente ist dann der Abscissenaxe parallel.

2) Ist $\alpha > 90^\circ$, so ist der Winkel, welchen die Tangente (auf ihrer linken Seite) mit der Abscissenaxe macht, $= 180^\circ - \alpha = \beta$. Nun ist $\text{tang.}(180^\circ - \alpha) = -\,\text{tang.}\,\alpha$, folglich $\text{tang.}\,\beta = -\,p$ oder, wenn man diesen Winkel β auch mit α bezeichnet, $\text{tang.}\,\alpha = -\,p$.

3) Aus dem 2. Zus. folgt, daß man für $\text{tang.}\,\alpha$ ein $+\,p$ zu nehmen hat, wenn der spitze Winkel der Tangente mit der Abscissenaxe auf der linken Seite der Ordinatenaxe liegt, und $-\,p$, wenn derselbe auf der rechten Seite der Ordinatenaxe liegt.

4) Ist $p = 0$, folglich $\text{tang.}\,\alpha = 0$, so ist auch $\alpha = 0$, d. h. die Tangente schneidet die Abscissenaxe nicht mehr, oder sie läuft mit der Abscissenaxe parallel.

5) Ist $p = \infty$, folglich $\text{tang.}\,\alpha = \infty$, so ist $\alpha = 90^\circ$, d. h. die Tangente steht senkrecht auf der Abscissenaxe.

6) Nach dem Taylorschen Lehrsatze kann aus der Gleichung einer Kurve folgende gefunden werden:

$$y + \Delta y = y + p \cdot \Delta x + \frac{q \cdot \Delta x^2}{1 \cdot 2} + \ldots.$$

Nun weiß man, daß für $p = 0$ und ein positives q, die Funktion y ein Kleinstes und bei $p = 0$ und negativem q die Funktion y ein Größtes ist, d. h. es ist im ersten Falle die Ordinate y unter den angrenzenden Ordinaten die kleinste, folglich die Kurven mit ihren konvexen Seiten gegen die Abscissenaxe gerichtet; und im zweiten Falle ist die Ordinate y unter den angrenzenden die größte, folglich die Kurve mit ihrer konkaven Seite gegen die Abscissenaxe gerichtet.

§. 18.

Trigonometrische Linien. Fig. 2.

Bedeutet φ einen Kreisbogen, dessen Sinusversus $= x$, und dessen Sinus $= y$ ist, so ist $y^2 = (2r - x)x = 2rx - x^2$, folglich $2y \cdot dy = (2r - 2x)dx$,

$$\frac{dy}{dx} = p = \frac{r - x}{y}.$$

Substituirt man diesen Werth von p in die allgemeine Gleichung in §. 15. Zus., so ist das Differenzial des Kreisbogens, nämlich

$$d\varphi = dx \sqrt{\left[1 + \left(\frac{r - x}{y}\right)^2\right]} \text{ oder}$$

$$= \frac{dx}{y} \sqrt{(y^2 + r^2 - 2rx + x^2)}$$

$$= \frac{dx}{y} \sqrt{r^2} \text{ (weil } y^2 = 2rx - x^2 \text{ ist), d. i.}$$

$$d\varphi = \frac{r \cdot dx}{y}.$$

Folglich ist, wenn $r = 1$ gesetzt wird, das Differenzial eines Kreisbogens

$$d\varphi = \frac{dx}{y}.$$

Hieraus folgt durch Substitution

$$d\varphi = \frac{d.\sin.\text{vers}.\varphi}{\sin.\varphi} \text{ oder}$$

1) $d.\sin.\text{vers}.\varphi = \sin.\varphi.d\varphi$,

d. h. das Differenzial des Sinusversus eines Bogens ist dem Sinus des Bogens, mit dem Differenzial desselben multiplicirt, gleich.

Aus $\sin.\text{vers}.\varphi = 1 - \text{Cos}.\varphi$ folgt

$d.\sin.\text{vers}.\varphi = -d.\text{Cos}.\varphi$ und daher aus 1)

2) $d.\text{Cos}.\varphi = -\sin.\varphi.d\varphi$,

d. h. das Differenzial des Cosinus eines Bogens ist gleich dem Sinus des Bogens, multiplicirt mit dem Differenzial des Bogens, negativ genommen.

Aus $\text{Cos}\,\varphi = (1 - \sin.^2\varphi)^{\frac{1}{2}}$ folgt

$$d.\text{Cos}.\varphi = \tfrac{1}{2}(1 - \sin.^2\varphi)^{-\frac{1}{2}} \times -2\sin.\varphi.d.\sin.\varphi$$

$$= \frac{-\sin.\varphi.d.\sin.\varphi}{(1-\sin.^2\varphi)^{\frac{1}{2}}}$$

$$= \frac{-\sin.\varphi.d.\sin.\varphi}{\cos.\varphi} \text{ und daher aus 2)}$$

$$\frac{\sin.\varphi.d.\sin.\varphi}{\text{Cos}.\varphi} = \sin.\varphi.d\varphi, \text{ folglich}$$

3) $d.\sin.\varphi = \cos.\varphi.d\varphi$,

d. h. das Differenzial des Sinus eines Bogens ist gleich dem Cosinus des Bogens, multiplicirt mit dem Differenzial desselben.

Aus $\text{tang}.\varphi = \frac{\sin.\varphi}{\cos.\varphi}$ folgt $\left(\text{nach der Formel für } d.\frac{u}{v}\right)$

$$d.\text{tang}.\varphi = d\left(\frac{\sin.\varphi}{\cos.\varphi}\right) = \frac{\cos.\varphi.d.\sin.\varphi - \sin.\varphi.d.\cos.\varphi}{\cos.^2\varphi}$$

$$= \frac{\cos.^2\varphi.d\varphi + \sin.^2\varphi.d\varphi}{\cos.^2\varphi} \text{ und daher, weil}$$

$\cos.^2\varphi + \sin.^2\varphi = 1$ ist, ist auch

4) $d.\text{tang}.\varphi = \dfrac{d\varphi}{\cos.^2\varphi}$,

d. h. das Differenzial der Tangente eines Bogens ist gleich dem Differenzial des Bogens, dividirt durch das Quadrat des Cosinus dieses Bogens.

Aus $\text{cotg}.\varphi = \frac{1}{\text{tang}.\varphi}$ folgt $\left(\text{nach der Formel für } d.\frac{u}{v}\right)$

$$d.\,\mathrm{cotg.}\,\varphi = \frac{-d.\,\mathrm{tang.}\,\varphi}{\mathrm{tang.}^2\,\varphi} = \frac{-d\varphi}{\cos.^2\varphi.\,\mathrm{tang.}^2\,\varphi}$$

$$= \frac{-d\varphi.\cos^2\varphi}{\cos.^2\varphi.\sin.^2\varphi},$$ also

5) $$d.\,\mathrm{cotg.}\,\varphi = \frac{-d\varphi}{\sin.^2\varphi},$$

d. h. das Differenzial der Cotangente eines Bogens ist gleich dem Differenzial des Bogens, dividirt durch das Quadrat des Sinus des Bogens, negativ genommen.

Aus $\sec.\varphi = \frac{1}{\cos.\varphi}$ folgt

$d.\sec.\varphi = \frac{-d.\cos.\varphi}{\cos.^2\varphi}$; folglich ist aus 2)

6) $$d.\sec.\varphi = \frac{\sin.\varphi.d\varphi}{\mathrm{Cos.}^2\varphi} = \mathrm{tang.}\,\varphi.\sec.\varphi.d\varphi.$$

Aus $\mathrm{cosec.}\,\varphi = \frac{1}{\sin.\varphi}$ folgt

$d.\mathrm{cosec.}\,\varphi = \frac{-d.\sin.\varphi}{\sin.^2\varphi}$; also ist aus 3)

7) $$d.\mathrm{cosec.}\,\varphi = \frac{-\cos.\varphi.d\varphi}{\sin.^2\varphi} = -\mathrm{cotg.}\,\varphi.\mathrm{cosec.}\,\varphi.d\varphi.$$

Aus $\cos.\,\mathrm{vers.}\,\varphi = 1 - \sin.\varphi$ folgt
$d.\cos.\,\mathrm{vers.}\,\varphi = -d.\sin.\varphi$, folglich ist

8) $$d.\cos.\,\mathrm{vers.}\,\varphi = -\cos.\varphi.d\varphi.$$

1. Zusatz. Für $y = \sin.x$ ist $\frac{dy}{dx} = p = \frac{d.\sin.x}{dx} = \cos.x$, $q = -\sin.x$, $r = -\cos.x$, $s = \sin.x$, $t = \cos.x$, $u = -\sin.x$, $v = -\cos.x$ etc. Folglich ist (für $x = 0$ nach der Maclaurinschen Reihe, indem $\sin.0 = 0$ und $\cos.0 = 1$ ist)

$$\sin.x = x - \frac{x^3}{1.2.3} + \frac{x^5}{1.2.3.4.5} - \frac{x^7}{1.2.3.4.5.6.7} + \ldots$$

Durch diese Reihe wird der Sinus eines Bogens mittelst dieses Bogens ausgedrückt.

2. Zusatz. Für $y = \cos.x$ ist $p = -\sin.x$, $q = -\cos.x$, $r = \sin.x$, $s = \cos.x$, $t = -\sin.x$, $u = -\cos.x$, $v = \sin.x$ etc. Folglich ist nach der Maclaurinschen Reihe

$$\cos. x = 1 - \frac{x^2}{1.2} + \frac{x^4}{1.2.3.4} - \frac{x^6}{1.2.3.4.5.6} + \ldots.$$

Durch diese Reihe wird der Cosinus eines Bogens mittelst dieses Bogens ausgedrückt.

§. 19.

Kreisbogen.

Ist $x = \sin. y$, so ist $y = \text{arc.} \sin. x$, d. h. y bedeutet einen Bogen, dessen Sinus gleich x ist. Aus $x = \sin. y$ erhält man $dx = d.\sin. y = \cos. y . dy$ und hieraus

$$dy = \frac{dx}{\cos. y} = \frac{dx}{\sqrt{(1 - \sin.^2 y)}} = \frac{dx}{\sqrt{(1 - x^2)}}, \text{ folglich}$$

$$1)\quad d.\text{arc.} \sin. x = \frac{dx}{\sqrt{(1 - x^2)}}, \text{ da } dy = d.\text{arc.} \sin. x \text{ ist.}$$

Ist $x = \cos. y$, folglich $y = \text{arc.} \cos. x$, so ist

$dx = d.\cos. y = - \sin. y . dy$ und hieraus

$$dy = \frac{-dx}{\sin. y} = \frac{-dx}{\sqrt{(1 - \cos.^2 y)}} = \frac{-dx}{\sqrt{(1 - x^2)}}, \text{ folglich}$$

$$2)\quad d.\text{arc.} \cos. x = \frac{-dx}{\sqrt{(1 - x^2)}}.$$

Ist $x = \text{tang.} y$, folglich $y = \text{arc. tang.} x$, so erhält man

$$dx = d.\text{tang.} y = \frac{dy}{\cos.^2 y} \text{ und hieraus}$$

$$dy = dx . \cos.^2 y = \frac{dx}{\sec.^2 y} = \frac{dx}{1 + \text{tang.}^2 y} = \frac{dx}{1 + x^2};$$

folglich

$$3)\quad d.\text{arc. tang.} x = \frac{dx}{1 + x^2}.$$

Ist $x = \text{cotg.} y$, folglich $y = \text{arc. cotg.} x$, so erhält man

$$dx = d.\text{cotg.} y = \frac{-dy}{\sin.^2 y} \text{ und hieraus}$$

$$dy = \frac{-dx}{\text{cosec.}^2 y} = \frac{-dx}{1 + \text{cotg.}^2 y} = \frac{-dx}{1 + x^2}; \text{ folglich}$$

$$4)\quad d.\text{arc. cotg.} x = \frac{-dx}{1 + x^2}.$$

Ist $x = \sec. y$, folglich $y = \text{arc. sec. } x$, so erhält man

$$dx = \frac{\sin. y . dy}{\cos.^2 y} \text{ und hieraus}$$

$$dy = \frac{dx . \cos.^2 y}{\sin. y} = \frac{dx}{\sec.^2 y(1 - \cos.^2 y)}$$

$$= \frac{dx}{\sec.^2 y . \sqrt{\left(1 - \frac{1}{\sec.^2 y}\right)}} = \frac{dx}{x^2 \sqrt{\left(1 - \frac{1}{x^2}\right)}}$$

$$= \frac{x . dx}{x^2 \sqrt{(x^2 - 1)}} = \frac{dx}{x\sqrt{(x^2 - 1)}}; \text{ folglich}$$

$$5) \; d . \text{arc. sec. } x = \frac{dx}{x\sqrt{(x^2 - 1)}}$$

Auf ähnliche Weise wird, wenn $x = \text{cosec. } y$ und also $y = \text{arc. cosec. } x$ ist, gefunden

$$6) \; d . \text{arc. cosec. } x = \frac{-dx}{x\sqrt{(x^2 - 1)}}.$$

Ist $x = \sin. \text{vers. } y$, also $y = \text{arc. sin. vers. } x$, so erhält man

$$dx = d . \sin. \text{vers. } y = \sin. y . dy, \text{ also}$$

$$dy = \frac{dx}{\sin. y} = \frac{dx}{\sqrt{(1 - \cos.^2 y)}} = \frac{dx}{\sqrt{(1 - (1 - \sin.\text{vers. } y)^2)}}$$

$$= \frac{dx}{\sqrt{(1 - (1 - x)^2)}} = \frac{dx}{\sqrt{(1 - 1 + 2x - x^2)}} = \frac{dx}{\sqrt{(2x - x^2)}};$$

folglich

$$7) \; d . \text{arc. sin. vers. } x = \frac{dx}{\sqrt{(2x - x^2)}}.$$

Auf ähnliche Art wird, wenn $x = \cos. \text{vers. } y$ und also $y = \text{arc. cos. vers. } x$ ist, gefunden

$$8) \; d . \text{arc. cos. vers. } x = \frac{-dx}{\sqrt{(2x - x^2)}}.$$

1. Zusatz. Aus $d . \text{arc. tang. } x = \frac{dx}{1 + x^2}$ folgt

$\text{arc. tang. } x = 0$ für $x = 0$,
$p = (1 + x^2)^{-1} = 1$ für $x = 0$,
$q = -2(1 + x^2)^{-2} x = 0$ für $x = 0$,

$$r = 8(1+x^2)^{-3}x^2 - 2(1+x^2)^{-2} = -2 \text{ für } x = 0,$$
$$s = 0 \text{ für } x = 0,\ t = +2.3.4 \text{ für } x = 0,$$
$$u = 0 \text{ für } x = 0,\ v = -2.3.4.5.6 \text{ für } x = 0 \text{ etc.}$$

Substituirt man diese Werthe in die Maclaurinsche Reihe, so erhält man

$$1)\ \text{arc. tang. } x = x - \frac{x^3}{3} + \frac{x^5}{5} - \frac{x^7}{7} + \ldots.$$

Setzt man $y = \text{arc. tang. } x$, so ist $x = \text{tang. } y$, folglich substituirt

$$2)\ y = \text{tang.} y - \frac{\text{tang.}^3 y}{3} + \frac{\text{tang.}^5 y}{5} - \frac{\text{tang.}^7 y}{7} + \ldots.$$

Durch die Reihen 1) und 2) ist man also im Stande, einen Kreisbogen durch seine Tangente zu berechnen.

2. Zusatz. Setzt man $\text{tang. } a = \frac{1}{5}$, folglich $a = \text{arc. tang.} \frac{1}{5}$, so ist $\text{tang. } 2a = \frac{2 \text{tang. } a}{1 - \text{tang.}^2 a} = \frac{5}{12}$ und

$$\text{tang. } 4a = \frac{2 \text{ tang. } 2a}{1 - \text{tang.}^2 2a} = \frac{120}{119} \text{ und}$$

$$\text{tang. } (4a - \tfrac{1}{4}\pi) = \frac{\text{tang. } 4a - \text{tang.} \frac{1}{4}\pi}{1 + \text{tang. } 4a. \text{tang.} \frac{1}{4}\pi} = \frac{\frac{120}{119} - 1}{1 + \frac{120}{119}.1} = \frac{1}{239},$$

folglich $4a - \frac{1}{4}\pi = \text{arc. tang.} \frac{1}{239}$, und da (weil $a = \text{arc. tang.} \frac{1}{5}$) $4a = 4.\text{arc. tang.} \frac{1}{5}$ ist, so ist auch

$$4a - (4a - \tfrac{1}{4}\pi) = 4.\text{arc. tang.} \tfrac{1}{5} - \text{arc. tang.} \tfrac{1}{239},$$

das ist nach 1) im 1. Zusatze

$$\tfrac{1}{4}\pi = 4\left(\frac{1}{5} - \frac{1}{3.5^3} + \frac{1}{5.5^5} - \frac{1}{7.5^7} + \ldots\right)$$
$$-\left(\frac{1}{239} - \frac{1}{3.239^3} + \frac{1}{5.239^5} - \ldots\right).$$

Diese Reihe ist einfach, konvergirt sehr und ist daher zur Berechnung von π geeignet.

3. Zusatz. Man setze $a + b = \frac{1}{4}\pi$, so ist

$$\text{tang.} (a+b) = \text{tang.} \tfrac{1}{4}\pi = \text{tang.} 45^0 = 1 = \frac{\text{tang. } a + \text{tang. } b}{1 - \text{tang. } a \text{ tang. } b}.$$

Nimmt man nun $\text{tang. } a = \frac{1}{2}$ an, so ist

$$1 = \frac{\frac{1}{2} + \text{tang. } b}{1 - \frac{1}{2} \text{tang. } b}, \text{ welches giebt tang. } b = \tfrac{1}{3}.$$

Aus tang. a = $\frac{1}{2}$ und tang. b = $\frac{1}{3}$ ergibt sich nach 2) im 1. Zusatze

$$a = \tfrac{1}{2} - \frac{1}{3.2^3} + \frac{1}{5.2^5} - \frac{1}{7.2^7} + \ldots \text{ und}$$

$$b = \tfrac{1}{3} - \frac{1}{3.3^3} + \frac{1}{5.3^5} - \frac{1}{7.3^7} + \ldots; \text{ folglich ist}$$

$$a + b = \tfrac{1}{4}\pi = \left(\frac{1}{2} - \frac{1}{3.2^3} + \frac{1}{5.2^5} - \ldots\right) + \left(\frac{1}{3} - \frac{1}{3.3^3} + \frac{1}{5.3^5} - \ldots\right),$$

welches die Eulersche Reihe ist, die ebenfalls zur Berechnung von π sehr bequem ist. Sie läßt sich auch folgendermaßen ausdrücken:

$$\tfrac{1}{4}\pi = \frac{3-2}{6} - \frac{1}{3}\left(\frac{3^3-2^3}{6^3}\right) + \frac{1}{5}\left(\frac{3^5-2^5}{6^5}\right) - \frac{1}{7}\left(\frac{3^7-2^7}{6^7}\right) + \ldots.$$

Wenige Glieder dieser Reihe reichen hin, den Werth von π ziemlich genau zu bestimmen.

§. 20.

Differenzial eines Sektors. Fig. 3.

Es sei Mm der kleinste Theil eines Bogens, so ist MAm die Veränderung des Sektors AmB, welche mit ΔS bezeichnet werden möge. Die Koordinaten des Punktes M seien x', y' und die des Punktes m seien x, y. Alsdann ist ΔS = Dreieck AMP + Trapez PMmp — Dr. Amp, d. i.

$$\Delta S = \frac{x'.y'}{2} + \tfrac{1}{2}(y+y')(x-x') - \frac{x.y}{2} = \tfrac{1}{2}(y'x - x'y).$$

Aus der Annahme folgt, daß $y' = y + \Delta y$ und $x' = x + \Delta x$, folglich 1) $\Delta S = \frac{1}{2}(x.\Delta y - y.\Delta x)$.

Da aber Δx und Δy als Veränderungen von Funktionen zu betrachten sind, so kann man (nach §. 1) dafür auch dx und dy schreiben, und folglich dann auch dS statt ΔS. Es ist demnach das Differenzial eines Kurvensektors

2) $dS = \frac{1}{2}(x.dy - y.dx)$,

oder für die entgegengesetzte Lage des kleinsten Bogentheils

3) $dS = \frac{1}{2}(y.dx - x.dy)$.

§. 21.

Differenzial der krummen Oberflächen. Fig. 4.

Wenn sich die krumme Linie MN so um die Abscissenaxe AX dreht, daß ein jeder ihrer Punkte die Peripherie eines Kreises beschreibt, dessen Mittelpunkt auf der Abscissenaxe liegt und dessen Ebene auf dieser Abscissenaxe senkrecht ist: so nennt man die krumme Fläche, welche von der Kurve MN beschrieben wird, eine Umdrehungsfläche.

Es sei nun O die Umdrehungsfläche des Bogens BC, so ist, wenn $CD = \Delta\varphi$ ein kleinster Theil des Bogens MN ist, ΔO die Umdrehungsfläche des Bogens CD. Diese Umdrehungsfläche von CD ist gleich zu achten der krummen Oberfläche eines abgestumpften geraden Kegels; folglich ist nach einem stereometrischen Satze

$$\Delta O = \pi\,(DH + CG)\,CD,$$

oder da, für $CG = y$, $DH = y + \Delta y$ ist,

$$1)\quad \Delta O = \pi\,(2y + \Delta y)\,\Delta\varphi.$$

Nun ist nach dem Taylorschen Lehrsatze

$$2)\quad \Delta y = p.\Delta x + q.\frac{\Delta x^2}{2} + \ldots.$$

und nach §. 15

$$\Delta\varphi = \sqrt{(\Delta x^2 + \Delta y^2)} = \Delta x\sqrt{\left(1 + \frac{\Delta y^2}{\Delta x^2}\right)} = \Delta x\sqrt{\left(1 + \frac{\frac{p^2 dx}{dy^2}}{p^2}\right)}$$

$$= \Delta x\sqrt{\left(1 + \frac{p^2.dx^2.p^2}{dy^2}\right)} \text{ oder, da } p^2 = \frac{dy^2}{dx^2} \text{ ist, endlich}$$

$$2)\quad \Delta\varphi = \Delta x\sqrt{(1+p^2)} = \Delta x.M, \text{ wo } M = \sqrt{(1+p^2)} \text{ ist}$$

Substituirt man 2) und 3) in 1), so erhält man

$$\Delta O = 2\pi y M.\Delta x + \pi p M.\Delta x^2 + \ldots.$$

Setzt man nun $2\pi y M.dx = 2\pi y M.\Delta x + \pi p M.\Delta x^2 + \ldots.$ so erhält man

$$4)\quad \frac{dO}{dx} = 2\pi y\sqrt{(1+p^2)},$$

welches der Differenzial-Koeffizient der Umdrehungsfläche ist. Hieraus erhält man

$$dO = 2\pi y.dx\sqrt{(1+p^2)},$$

oder, da nach dem 14. §. ist $dx\sqrt{(1+p^2)} = d\varphi$,

$$2)\ dO = 2\pi y . d\varphi,$$

als Differenzial der krummen Oberfläche eines Körpers.

§. 22.

Differenzial des kubischen Inhalts.

Es sei K der kubische Inhalt des Körpers, welcher durch die Umdrehung des Bogens BC entsteht, so ist der Inhalt des abgestumpften Kegels, welcher durch Umdrehung des kleinsten Bogentheils CD entsteht, mit $\varDelta k$ zu bezeichnen; daher ist nach einem stereometrischen Satze

$$\begin{aligned}\varDelta k &= \tfrac{1}{3}\pi . GH(DH^2 + DH \times CG + CG^2) \\ &= \tfrac{1}{3}\pi . \varDelta x[(y+\varDelta y)^2 + (y+\varDelta y)y + y^2] \\ &= \tfrac{1}{3}\pi . \varDelta x(3y^2 + 3y\varDelta y + \varDelta y^2).\end{aligned}$$

Nach dem Taylorschen Lehrsatze ist

$$\varDelta y = p . \varDelta x + q . \frac{\varDelta x^2}{2} + \ldots,$$

folglich durch Substitution

$$\varDelta k = \pi y^2 . \varDelta x + \pi y p . \varDelta x^2 + \ldots..$$

Setzt man nun

$$\pi y^2 . dx = \pi y^2 . \varDelta x + \pi y p \varDelta x^2 + \ldots,$$

so erhält man

$$1)\ \frac{dK}{dx} = \pi y^2$$

als Differenzial-Koeffizienten des kubischen Inhalts eines Körpers mit krummer Oberfläche und

$$2)\ dk = \pi y^2 . dx$$

als Differenzial des kubischen Inhalts der Körper.

§. 23.

Zwei und mehr von einander unabhängig Veränderliche.

Wenn u eine Funktion von zwei einander unabhängig veränderlichen Größen x und y ist, und wenn man nur x oder nur y, ersteres um $\varDelta x$ und letzteres um $\varDelta y$ verändert, so nennt man das aus dieser Aenderung hervorgehende Differenzial von u im ersten Falle das **partiale Differenzial** von u nach x, und im letztern Falle das **partiale Differenzial** von u nach y. Wenn man x und y zugleich ändert, so heißt das daraus hervorgehende Differenzial von u das **vollständige Differenzial** von u.

Um das vollständige Differenzial einer Funktion von zwei einander unabhängig Veränderlichen x und y zu erhalten, verändere man in $u = F(x, y)$ zuerst x um Δx und bezeichne den Inbegriff aller Glieder, welche Δx in irgend einer Potenz enthalten, mit $P.dx$ (dies ist das partiale Differenzial von u nach x, welches nach **Euler** mit $\left(\frac{du}{dx}\right)$ bezeichnet wird); sodann füge man noch alle diejenigen Glieder hinzu, welche entstehen, wenn man y und Δy verändert, und bezeichne den Inbegriff aller Glieder, welche Δy in irgend einer Potenz enthalten, mit $Q.dy$ (dies ist das partiale Differenzial von u nach y, welches nach **Euler** mit $\left(\frac{du}{dy}\right)$ bezeichnet wird). Auf diese Weise erhält man

$$u + \Delta u = F(x + \Delta x, y + \Delta y) = F(x, y) + P.dx + Q.dy$$

oder (cfr. §. 1)

$$1)\quad du = P.dx + Q.dy \text{ oder}$$

$$2)\quad du = \left(\frac{du}{dx}\right)dx + \left(\frac{du}{dy}\right)dy$$

1. **Zusatz.** Es ist $P = \left(\frac{du}{dx}\right)$ und $Q = \left(\frac{du}{dy}\right)$.

2. **Zusatz.** Das vollständige Differenzial einer Funktion von mehreren einander unabhängig veränderlichen Größen ist der Summe der partialen Differenziale dieser Funktion gleich. Denn für $u = F(x, y, z \ldots.)$ erhält man durch gleiches Verfahren

$$du = P.dx + Q.dy + R.dz + \ldots.$$

$$= \left(\frac{du}{dx}\right)dx + \left(\frac{du}{dy}\right)dy + \left(\frac{du}{dz}\right)dz + \ldots.$$

3. **Zusatz.** Ist $u = F(x)$, so ist, wegen des fehlenden y, $dy = 0$, folglich nach 1)

$$du = P.dx,$$

welches mit §. 1 übereinstimmt, wenn man y statt u setzt.

4. Zusatz. Es macht für du dem Werthe nach keinen Unterschied, ob zur Bildung des vollständigen Differenzials u zuerst nach x und dann nach y oder umgekehrt, zuerst nach y und dann nach x differenzirt wird.

5. Zusatz. Ist $u = F(x, y, z \ldots.) = 0$, so ist

$$du = \left(\frac{du}{dx}\right) dx + \left(\frac{du}{dy}\right) dy + \left(\frac{du}{dz}\right) dz + \ldots. = 0.$$

6. Zusatz. Ist $u = F(x, y) = 0$, so ist

$$3)\ du = \left(\frac{du}{dx}\right) dx + \left(\frac{du}{dy}\right) dy = 0$$

und daraus

$$4)\ \frac{dy}{dx} = -\frac{\left(\frac{du}{dx}\right)}{\left(\frac{du}{dy}\right)} \text{ und } 5)\ \frac{dx}{dy} = -\frac{\left(\frac{du}{dy}\right)}{\left(\frac{du}{dx}\right)},$$

d. h. man erhält den Differenzial-Quotienten einer Funktion zweier von einander abhängig Veränderlichen, wenn man das negative partiale Differenzial nach der als unabhängig veränderlich gedachten, durch das partiale Differenzial nach der von jener als abhängig veränderlich gedachten dividirt (cfr. §. 1 und §. 4).

§. 24.

Höhere Differenziale einer Funktion mehrerer von einander unabhängig Veränderlichen.

Da x und y unabhängig von einander sind, so sind dx und dy als konstant zu betrachten; und da nun $\left(\frac{du}{dx}\right) = P$, so wie auch $\left(\frac{du}{dy}\right) = Q$ wieder Funktionen von x und y sind: so wird man das Differenzial von du, das ist d^2u, erhalten, wenn man $P.dx + Q.dy$ zuerst nach x und dann nach y differenzirt. Dadurch erhält man nach 2) des 23. §.

$$d^2u = \left(\frac{d(P.dx + Q.dy)}{dx}\right) dx + \left(\frac{d(P.dx + Q.dy)}{dy}\right) dy \text{ oder}$$

$$d^2u = \frac{dP}{dx} dx^2 + \frac{dQ}{dx} dy.dx + \frac{dP}{dy} dx.dy + \frac{dQ}{dy} dy^2.$$

Da nun $\frac{dP}{dx}$ erhalten wird, wenn man u zweimal nach x differenzirt, und $\frac{dQ}{dy}$, wenn man u zweimal nach y differenzirt, so bezeichnet man ersteres durch $\left(\frac{d^2u}{dx^2}\right)$ und letzteres durch $\left(\frac{d^2u}{dy^2}\right)$. Da ferner $\frac{dP}{dy}dx.dy$ erhalten wird, wenn u das erste Mal nach x und dann nach y differenzirt wird; und $\frac{dQ}{dx}dy.dx$, indem es zuerst nach y und dann nach x differenzirt wird: so bezeichnet man dies für den ersten Fall durch $\left(\frac{d^2u}{dx.dy}\right)$ und für den zweiten Fall durch $\left(\frac{d^2u}{dy.dx}\right)$ oder allgemein durch

$$\left(\frac{d^{m+n}u}{dx^m.dy^n}\right)dx^m.dy^n,$$

welcher allgemeine Ausdruck das (m+n)te partiale Differenzial von u darstellt, welches gebildet wird, indem die Funktion u erst m mal nach x und dann n mal nach y differenzirt wird. Durch $\left(\frac{d^{m+n}u}{dx^m.dy^n}\right)$ wird dann der entsprechende Differenzial-Quotient dargestellt, und zwar ist, wie aus 4. Zus. des 23. §. folgt,

$$\left(\frac{d^{m+n}u}{dx^m.dy^n}\right)=\left(\frac{d^{m+n}u}{dy^n.dx^m}\right) \text{ oder}$$

$$\left(\frac{d^{m+n}u}{dx^m.dy^n}\right)dx^m.dy^n=\left(\frac{d^{m+n}u}{dy^n.dx^m}\right)dy^n.dx^m.$$

Substituirt man diese Ausdrücke in die für d^2u gefundene Reihe, so erhält man

$$1)\ d^2u=\left(\frac{d^2u}{dx^2}\right)dx^2+2\left(\frac{d^2u}{dx.dy}\right)dx.dy+\left(\frac{d^2u}{dy^2}\right)dy^2.$$

Durch abermaliges Differenziren und Zusammenziehen erhält man

$$2)\ d^3u=\left(\frac{d^3u}{dx^3}\right)dx^3+3\left(\frac{d^3u}{dx^2dy}\right)dx^2dy+3\left(\frac{d^3u}{dxdy^2}\right)dxdy^2+\left(\frac{d^3u}{dy^3}\right)dy^3.$$

1. Zusatz. Die Gleichungen 1) und 2) können dargestellt werden durch
$$d^2u = (dx + dy)^2,$$
$$d^3u = (dx + dy)^3,$$
und allgemein durch

$$3)\ d^nu = (dx + dy)^n,$$

wenn man mit den Gliedern dieser Potenzen die zugehörigen leicht zu findenden partialen Differenzial-Quotienten verbindet, so daß also die höheren Differenziale der Funktionen von zwei einander unabhängig Veränderlichen ohne Mühe nach dem binomischen Lehrsatze gefunden werden können.

2, Zusatz. Die höheren Differenziale der Funktionen von mehr als zwei von einander unabhängig Veränderlichen können nach der polynomischen Formel entwickelt werden; denn

für $u = F(x, y, z)$

ist $$4)\ d^2u = \left(\frac{d^2u}{dx^2}\right)dx^2 + 2\left(\frac{d^2u}{dx\,dy}\right)dx\,dy + \left(\frac{d^2u}{dy^2}\right)dy^2$$
$$+ 2\left(\frac{d^2u}{dx\,dz}\right)dx\,dz + 2\left(\frac{d^2u}{dy\,dz}\right)dy\,dz + \left(\frac{d^2u}{dz^2}\right)dz^2,$$

welches durch

$$5)\ (dx + dy + dz)^2$$

ausgedrückt werden kann, wenn man mit den einzelnen Gliedern von 5) die zugehörigen partialen Differenzial-Quotienten verbindet.

3. Zusatz. Wenn man dx und dy nicht als konstant, sondern als veränderlich betrachtet, so ist leicht zu finden, daß dann, um 1) vollständig zu erhalten, noch die Glieder $P.d^2x + Q.d^2y$ oder $\left(\frac{du}{dx}\right)d^2x + \left(\frac{du}{dy}\right)d^2y$ hinzugefügt werden müssen.

Allgemein ist für $u = F(x, y, z, v \ldots.)$, wenn man auch noch $dx, dy, dz, dv \ldots.$ als veränderlich betrachtet,

$$6)\ d^2u = \left[\left(\frac{du}{dx}\right)d^2x + \left(\frac{du}{dy}\right)d^2y + \left(\frac{du}{dz}\right)d^2z + \left(\frac{du}{dv}\right)d^2v + \ldots\right]$$
$$+ \left[\left(\frac{d^2u}{dx^2}\right)dx^2 + 2\left(\frac{d^2u}{dx\,dy}\right)dx\,dy + 2\left(\frac{d^2u}{dx\,dz}\right)dx\,dz + 2\left(\frac{d^2u}{dx\,dv}\right)dx\,dv + \ldots\right]$$
$$+ \left[\left(\frac{d^2u}{dy^2}\right)dy^2 + 2\left(\frac{d^2u}{dy\,dz}\right)dy\,dz + 2\left(\frac{d^2u}{dy\,dv}\right)dy\,dv + \ldots\right]$$
$$+ \left[\left(\frac{d^2u}{dz^2}\right)dz^2 + 2\left(\frac{d^2u}{dz\,dv}\right)dz\,dv + \ldots\right] + \left[\left(\frac{d^2u}{dv^2}\right)dv^2 + \ldots\right].$$

4. Zusatz. Ist $u = F(x, y) = 0$ und zwar so, daß y von x abhängig ist; so ist dx als konstant, dy aber als veränderlich zu betrachten, und deshalb erhält man nach 3) mit Beachtung der Bemerkung im Anfange des 3. Zus.

$$7)\ d^2u = \left(\frac{d^2u}{dx^2}\right)dx^2 + 2\left(\frac{d^2u}{dx\,dy}\right)dx\,dy + \left(\frac{d^2u}{dy^2}\right)dy^2 + \left(\frac{du}{dy}\right)d^2y = 0,$$

woraus folgt

$$8)\ \frac{d^2y}{dx} = -\left[\left(\frac{d^2u}{dx^2}\right) + 2\left(\frac{d^2u}{dx\,dy}\right)\frac{dy}{dx} + \left(\frac{d^2u}{dy^2}\right)\frac{dy^2}{dx^2}\right] : \left(\frac{du}{dy}\right).$$

Auf dieselbe Weise erhält man nach 3) oder durch Differenziren von 7), wenn man zugleich $\frac{d^3y}{dx^3}$ bestimmt,

$$9)\ \frac{d^3y}{dx^3} = -\left[\left(\frac{d^3u}{dx^3}\right) + 3\left(\frac{d^3u}{dx^2dy}\right)\frac{dy}{dx} + 3\left(\frac{d^3u}{dx\,dy^2}\right)\frac{dy^2}{dx^2} + \left(\frac{d^3u}{dy^3}\right)\frac{dy^3}{dx^3} + 2\left(\frac{d^2u}{dx\,dy}\right)\frac{d^2y}{dx^2} + 2\left(\frac{d^2u}{dy^2}\right)\frac{dy}{dx}\cdot\frac{d^2y}{dx^2}\right] : \left(\frac{du}{dy}\right).$$

Ganz allgemein ist

$$10)\ \frac{d^ny}{dx^n} = \frac{V}{\left(\frac{du}{dy}\right)} = V : \left(\frac{du}{dy}\right),$$

wo V eine Funktion von x, y und $\frac{dy}{dx}, \frac{d^2y}{dx^2} \ldots \frac{d^{n-1}y}{dx^{n-1}}$ ist.

5. Zusatz. Es ist nach dem vorigen §.

$$P = \left(\frac{du}{dx}\right) \text{ und } Q = \left(\frac{du}{dy}\right),$$

folglich auch, wenn man wieder partiell differenzirt,

$$\left(\frac{dP}{dy}\right) = \left(\frac{d^2u}{dx\,dy}\right) \text{ und } \left(\frac{dQ}{dx}\right) = \left(\frac{d^2u}{dy\,dx}\right).$$

Da nun, wie aus dem 4. Zusatz des vorigen §. folgt,

$$\left(\frac{d^2u}{dx\,dy}\right) = \left(\frac{d^2u}{dy\,dx}\right)$$

ist, so hat man

$$11)\ \left(\frac{dP}{dy}\right) = \left(\frac{dQ}{dx}\right)$$

als Bedingungsgleichung, welche immer statt finden muß, wenn

$$P.dx + Q.dy$$

das vollständige Differenzial irgend einer Funktion von zwei Veränderlichen sein soll.

Ist $u = F(x, y, z)$, also $du = Pdx + Qdy + Rdz$, so findet man, wie vorher oder nach 11), wenn man z, y, x der Reihe nach als konstant betrachtet,

$$12) \left(\frac{dP}{dy}\right) = \left(\frac{dQ}{dx}\right),\ \left(\frac{dP}{dz}\right) = \left(\frac{dR}{dx}\right),\ \left(\frac{dQ}{dz}\right) = \left(\frac{dR}{dy}\right)$$

drei Bedingungsgleichungen, welche gleichzeitig statt finden müssen, wenn du das vollständige Differenzial einer Funktion dreier von einander unabhängig Veränderlichen sein soll.

§. 25.

Erweiterung des Taylorschen Lehrsatzes.

Ist $u = F(x, y)$, $u' = F(x+\Delta x, y)$, $u'' = F(x+\Delta x, y+\Delta y)$, so erhält man nach dem Taylorschen Lehrsatze

$$1)\ u' = u + \left(\frac{du}{dx}\right)\Delta x + \left(\frac{d^2u}{dx^2}\right)\frac{\Delta x^2}{2} + \left(\frac{d^3u}{dx^3}\right)\frac{\Delta x^3}{2.3} + \ldots.$$

und wenn man in 1) bloß y als veränderlich betrachtet,

$$2)\ u'' = u' + \left(\frac{du'}{dy}\right)\Delta y + \left(\frac{d^2u'}{dy^2}\right)\frac{\Delta y^2}{2} + \left(\frac{d^3u'}{dy^3}\right)\frac{\Delta y^3}{2.3} + \ldots.$$

Nun ist

$$\left(\frac{du'}{dy}\right) = \left(\frac{du}{dy}\right) + \left(\frac{d^2u}{dx\,dy}\right)\Delta x + \left(\frac{d^3u}{dx^2dy}\right)\frac{\Delta x^2}{2} + \ldots.$$

$$\left(\frac{d^2u'}{dy^2}\right) = \left(\frac{d^2u}{dy^2}\right) + \left(\frac{d^3u}{dx\,dy^2}\right)\Delta x + \ldots.$$

$$\left(\frac{d^3u'}{dy^3}\right) = \left(\frac{d^3u}{dy^3}\right) + \ldots.$$

Substituirt man diese Werthe und den von u' in u'', so erhält man

$$\begin{aligned}3)\ F(x+\Delta x, y+\Delta y) = u &+ \left[\left(\frac{du}{dx}\right)\Delta x + \left(\frac{du}{dy}\right)\Delta y\right] \\ &+ \frac{1}{2}\left[\left(\frac{d^2u}{dx^2}\right)\Delta x^2 + \left(\frac{d^2u}{dx\,dy}\right)2\Delta x.\Delta y + \left(\frac{d^2u}{dy^2}\right)\Delta y^2\right] \\ &+ \frac{1}{2.3}\left[\left(\frac{d^3u}{dx^3}\right)\Delta x^3 + \left(\frac{d^3u}{dx^2dy}\right)3\Delta x^2.\Delta y\right. \\ &\left.+ \left(\frac{d^3u}{dx\,dy^2}\right)3\Delta x.\Delta y^2 + \left(\frac{d^3u}{dy^3}\right)\Delta y^3\right] + \ldots.\end{aligned}$$

1. Zusatz. Das allgemeine Glied der Reihe 3) kann andeutungsweise durch $\frac{1}{2.3\ldots.n}(\Delta x + \Delta y)^n$ dargestellt werden, indem nur die einzelnen Glieder dieses allgemeinen Ausdrucks der Reihe nach mit den paartiellen Differenzialen

$$\left(\frac{d^n u}{dx^n}\right), \left(\frac{d^n u}{dx^{n-1}dy}\right)\ldots.\left(\frac{d^n u}{dy^n}\right)$$

zu multipliziren sind.

2. Zusatz. (Erweiterung der Maclaurinschen Reihe).

Setzt man in 3) $x = 0$ und $y = 0$, so erhält man, wenn statt Δx wieder x und statt Δy wieder y gesetzt wird,

$$4)\ F(x, y) = u + \left[\left(\frac{du}{dx}\right)x + \left(\frac{du}{dy}\right)y\right]$$

$$+ \frac{1}{2}\left[\left(\frac{d^2u}{dx^2}\right)x^2 + \left(\frac{d^2u}{dx\,dy}\right)2xy + \left(\frac{d^2u}{dy^2}\right)y^2\right]$$

$$+ \frac{1}{2.3}\left[\left(\frac{d^3u}{dx^3}\right)x^3 + \left(\frac{d^3u}{dx^2dy}\right)3x^2y + \left(\frac{d^3u}{dx\,dy^2}\right)3xy^2 + \left(\frac{d^3u}{dy^3}\right)\right] + \ldots,$$

wobei zu beachten ist, daß (wie im §. 9) man in u und den verschiedenen Differenzial-Koeffizienten $x = 0$ und $y = 0$ zu setzen habe, und die daraus erhaltenen Werthe in 4) substituirt.

3. Zusatz. (Eulers Lehrsatz über homogene Funktionen). Eine Funktion von mehreren Veränderlichen, z. B. von x, y, z....., heißt homogen oder gleichartig und vom mten Grade, wenn dadurch, daß man statt x, y, z.... der Reihe nach tx, ty, tz.... setzt, indem t eine neue von x, y, z.... eine unabhängig Veränderliche ist, die Funktion F (x, y, z....) übergeht in $t^m F(x, y, z\ldots.)$.

Setzt man in die homogene Funktion $u = F(x, y\ldots)$ vom mten Grade $(1+\alpha)$ statt t, wodurch x in $x+\alpha x$, y in $y+\alpha y$ etc., u in $(1+\alpha)^m u$ übergeht, so erhält man nach 4)

$$(1+\alpha)^m u = u + \left[\left(\frac{du}{dx}\right)\alpha x + \left(\frac{du}{dy}\right)\alpha y + \ldots.\right]$$

$$+\tfrac{1}{2}\left[\left(\frac{d^2u}{dx^2}\right)\alpha^2x^2 + \left(\frac{d^2u}{dx\,dy}\right)2\alpha^2xy + \left(\frac{d^2u}{dy^2}\right)\alpha^2y^2 + \ldots.\right] + \ldots.$$

Entwickelt man $(1+\alpha)^m$ und vergleicht die auf beiden Seiten des Gleichheitszeichens zu gleichen Potenzen von α gehörigen Koeffizienten, so erhält man

$$mu = \left(\frac{du}{dx}\right)x + \left(\frac{du}{dy}\right)y + \ldots$$

$$m(m-1)u = \left(\frac{d^2u}{dx^2}\right)x^2 + \left(\frac{d^2u}{dx\,dy}\right)2xy + \left(\frac{d^2u}{dy^2}\right)y^2 + \ldots$$

Da nun das Differenzial von $u = F(x, y\ldots)$ die Form hat

5) $du = Pdx + Qdy + Rdz + \ldots$, indem

$$P = \left(\frac{du}{dx}\right),\ Q = \left(\frac{du}{dy}\right),\ R = \left(\frac{du}{dz}\right)\ldots \text{ ist,}$$

so hat man

6) $mu = Px + Qy + Rz + \ldots$

Aus 5) und 6) folgt:

> Wenn man in dem Differenzial einer homogenen Funktion des $m$ten Grades der Reihe nach $x, y, z\ldots$ statt dx, dy, $dz\ldots$ setzt, so entsteht dadurch die $m$fache ursprüngliche Funktion.

Zugleich folgt, daß $P, Q, R\ldots$ homogene Funktionen des $(m-1)$sten Grades sind.

§. 26.

Asymptoten.

Da die Asymptoten einer Kurve diese erst in unendlicher Entfernung berühren, so kann durch die Differenzialrechnung (mittelst der Tangentengleichung) gefunden werden, ob eine Kurve Asymptoten habe oder nicht. Denn bedeuten x, y die Koordinaten des Berührungspunktes einer Tangente, und x', y' die Koordinaten auf den Axen, so gibt für $x = \infty$, wenn man aus der Gleichung der Tangente x' und y' berechnet, x' die Entfernung an, in welcher die Asymptote die Abscissenaxe schneidet, und y' die Entfernung, in welcher sie die Ordinatenaxe schneidet. Stellt man also für x' und y' Formeln auf, welche für alle Kurven gültig sind und in die man für eine bestimmte Kurve nur den aus ihrer Gleichung sich für y ergebenden Werth zu substituiren hat, und setzt dann $x = \infty$; so hat diese Kurve Asymptoten, wenn sich bei diesem Werthe von $x = \infty$ für x' und y' reelle endliche Werthe finden, wodurch dann zugleich auch die Lage der Asymptote völlig bestimmt ist. Nun kann es aber auch sein, daß die Asymptote der Abscissenaxe parallel läuft; in diesem Falle ist (für $x = \infty$) x' ebenfalls unendlich, aber y' eine endliche reelle Größe. Auch kann die Asymptote der Ordinatenaxe parallel laufen; in diesem Falle ist (für $y = \infty$) x' eine endliche reelle Größe, aber $y' = \infty$. Hieraus folgt zugleich, daß man zum Aufsuchen aller Asymptoten einer Kurve nicht bloß $x = \infty$, sondern auch $y = \infty$ in die für x' und y' dieser Kurve gefundenen Ausdrücke zu setzen habe. Die allgemeinen für alle Kurven geltenden Ausdrücke von x' und y' können aber auf folgende Weise gefunden werden. Da nämlich die Asymptote eine gerade Linie ist, welche die Abscissenaxe unter einem Winkel schneidet, dessen trigonometrische Tangente $= \frac{dy}{dx} = p$ ist, so hat man aus der Tangentengleichung

1) $y' - y = p(x' - x)$ für die Asymptote bei $x = \infty$.

Setzt man hierin zuerst $y' = 0$ und dann $x' = 0$, so erhält man

2) $-x' = \frac{y}{p} - x$ und

3) $y' = y - px$.

Diese Ausdrücke 2) und 3) sind es, welche für ein unendliches x oder y die oben angegebenen Werthe annehmen müssen, wenn der in Rede stehenden Kurve Asymptoten zukommen.

§. 27.

Berührende Kurven. Fig. 5.

Haben die beiden Kurven (Fig. 5.) 1) CMD und 2) EMF den Punkt M oder x, y gemeinschaftlich; verändert man $AK = x$ um $KL = \Delta x$, zieht Lm parallel KM, so daß $y + \Delta y$ und $Lm' = \Delta y + \Delta y'$ wird: so erhält man aus der Gleichung der Kurven 1) und 2) nach dem Taylorschen Lehrsatze

3) $y + \Delta y = Lm = y + p.\Delta x + \frac{q.\Delta x^2}{1.2} + \frac{r.\Delta x^3}{1.2.3} + \ldots$

und

4) $y + \Delta y' = Lm' = y + P.\Delta x + \frac{Q.\Delta x^2}{1.2} + \frac{R.\Delta x^3}{1.2.3} + \ldots$,

wo p, q, r etc. die Differenzial-Koeffizienten der Kurve 1) und P, Q, R etc. die Differenzial-Koeffizienten der Kurve 2) bezeichnen.

Aus 3) und 4) geht hervor, daß die beiden Kurven um so mehr zusammenfallen, je mehr korrespondirende Glieder in 3) und 4) einander gleich sind. Sind nun außer dem ersten Gliede y noch die ersten Differenzial-Koeffizienten (P und p)

einander gleich, so sagt man, die beiden Kurven berühren sich in M in der ersten Ordnung oder es finde zwischen ihnen eine Berührung der ersten Ordnung statt. Ist außerdem noch $q = Q$, so findet eine Berührung der zweiten Ordnung statt ꝛc. Eine Berührung der nten Ordnung findet also statt, wenn die n ersten Differenzial-Koeffizienten beider Kurven einander gleich sind.

1) Zusatz. Besteht zwischen 1) und 2) eine Berührung einer gewissen Ordnung, so kann keine dritte Kurve zwischen 1) und 2) liegen, wenn sie nicht mit dieser eine Berührung von einer wenigstens eben so hohen Ordnung bildet. Denn es habe z. B. 1) mit 2) eine Berührung der nten Ordnung, so daß also $p = P$, $q = Q$ bis $\overset{n}{p} = \overset{n}{P}$ (wo $\overset{n}{p}$ und $\overset{n}{P}$ den nten Differenzial-Koeffizienten von 1) und 2) bezeichnen), und es seien $\mathfrak{P}$, $\mathfrak{Q}$, $\mathfrak{R}$ ꝛc. die Differenzial-Koeffizienten der dritten Kurve, so daß man also (wenn **GMH** diese dritte Kurve ist) hat

$$Lm'' = y + \mathfrak{P}\Delta x + \frac{\mathfrak{Q}.\Delta x^2}{1.2} + \frac{\mathfrak{R}.\Delta x^3}{1.2.3} + \ldots,$$

und wenn man nun den Unterschied zwischen Lm und Lm', Lm und Lm'' sucht: so erhält man unter den angenommenen Bedingungen

$$5)\quad Lm - Lm' = \frac{(\overset{n+1}{p} - \overset{n+1}{P})\Delta x^{n+1}}{1.2.3\ldots.n(n+1)} + \ldots. \text{ und}$$

$$6)\quad Lm - Lm'' = \frac{(\overset{n}{p} - \overset{n}{\mathfrak{P}})\Delta x^{n}}{1.2.3\ldots.n} + \ldots.$$

Nun kann man Δx so annehmen, daß das erste Glied der zweiten Differenz größer wird, als die Summe aller Glieder der ersten Differenz. Alsdann aber ist

$$Lm - Lm' < Lm - Lm'', \text{ das ist}$$
$$mm' < mm'',$$

woraus folgt, daß der Punkt m'' nicht zwischen m und m', folglich auch die dritte Kurve nicht zwischen den Kurven 1) und 2) liegen kann.

2. Zusatz. Ist 1) $y = F(x)$ die Gleichung einer gegebenen Kurve, und 2) $y' = f(x')$ die allgemeine Gleichung einer andern Kurve, in der also die nicht variabeln Größen noch unbestimmt sind, so können diese letztern so bestimmt werden, daß zwischen dieser zweiten Kurve (je nach der Anzahl der in ihr vorkommenden konstanten Größen) und der ersten Kurve eine

Berührung von einer gewissen Ordnung statt finde. Enthält z. B. die Gleichung 2) nur zwei unbestimmte Konstanten, so kann man diese aus den Bedingungsgleichungen $y' = y$ und $P = p$ vollständig bestimmen; alsdann ist die Kurve 2) mit der Kurve 1) jedoch nur einer Berührung der ersten Ordnung fähig. Soll sie einer Berührung der zweiten Ordnung fähig sein, so fordern die drei Bedingungsgleichungen $y' = y$, $P = p$ und $Q = q$ wenigstens drei unbestimmte Konstanten, die in 2) enthalten sein müssen. Im Allgemeinen wird also die Kurve 2) mit der gegebenen Kurve 1) eine Berührung der nten Ordnung nur dann eingehen können, wenn die Gleichung 2) wenigstens $n + 1$ unbestimmte konstante Größen enthält, welche dann aus den zugehörigen $n + 1$ Bedingungsgleichungen zu bestimmen sind. Zugleich folgt hieraus, daß eine allgemeine Gleichung mit m unbestimmten Konstanten mit einer andern gegebenen Kurve eine Berührung von der höchstens $(m - 1)$sten Ordnung eingehen könne. — Erhält die Kurve die höchste Ordnung der Berührung, deren sie fähig ist, d. h. werden alle in ihrer Gleichung enthaltenen konstanten Größen auf die angeführte Art bestimmt, so wird sie oskulatorische (aufs Innigste berührende) Kurve genannt.

3. Zusatz. Die allgemeinste Gleichung des Kreises

$$(x - \alpha)^2 + (y - \beta)^2 = r^2,$$

wo α und β die Mittelpunkts-Koordinaten und r den Radius bedeuten, hat nur drei konstante Größen, folglich ist der Kreis einer Berührung von höchstens der zweiten Ordnung fähig, und wird nur durch solche Berührung der oskulatorische Kreis. Sein Halbmesser heißt dann der oskulatorische Halbmesser.

§. 28.

Krümmungshalbmesser.

Ein Kreis, dessen allgemeinste Gleichung

$$1). \quad (x - \alpha)^2 + (y - \beta)^2 = r^2$$

ist, hat nach dem vorigen §. mit einer gegebenen Kurve einen Punkt M oder x, y gemeinschaftlich, wenn das y und folglich auch x der Kreisgleichung dem y der gegebenen Kurve gleich ist. Damit ferner in diesem Punkte M zwischen dem Kreise und der gegebenen Kurve eine Berührung der ersten Ordnung statt finde, so muß der aus der Kreisgleichung gezogene erste Differenzial-Koeffizient dem ersten Differenzial-Koeffizienten der gegebenen

Kurvengleichung gleich, also p statt P gesetzt werden. Durch Differenziren von 1) erhält man nun

$$2)\ (x-\alpha)\,dx+(y-\beta)\,dy=0 \text{ oder}$$

$$3)\ \beta-y=-\frac{dx}{dy}(\alpha-x)=-\frac{\alpha-x}{p},$$

welche Gleichung 3) mit der der Normale übereinstimmt, wenn α und β die Koordinaten des allgemeinen Punktes bezeichnen.

Wenn man nun die Koordinaten x und y des Punktes M als gegeben betrachtet, so sind zur Bestimmung der drei Größen α, β und r nur die beiden Gleichungen 1) und 3) (indem $\frac{dx}{dy} = \frac{1}{p}$ aus der gegebenen Kurvengleichung zu nehmen ist) vorhanden, so daß also unendlich viele Kreise beschrieben werden können, welche die gegebene Kurve im Punkte M berühren. Die Mittelpunkte aller dieser Kreise liegen, wie aus 3) hervorgeht, auf der durch Punkt M der gegebenen Kurve gezogenen Normale. Da jedoch unter allen diesen Kreisen nur ein einziger ist, für welchen M ein Berührungspunkt der zweiten Ordnung ist, und welcher also bei M mit der gegebenen Kurve inniger zusammenfällt, als alle übrigen berührenden Kreise, folglich auch seine Krümmung mit der der Kurve im Punkte M am nächsten kommt, so daß also die Krümmung der gegebenen Kurve gewissermaßen durch die des Kreises gemessen werden kann: so nennt man diesen (oskulatorischen) Kreis insbesondere den Krümmungskreis (circululus osculator oder curvaturae) und seinen Halbmesser den Krümmungshalbmesser (radius osculi) der gegebenen Kurve im Punkte M. — Auch aus einem andern Grunde kann noch eingesehen werden, daß der Kreis dazu geeignet ist, die Stärke der Krümmung einer Kurve an irgend einer Stelle zu beurtheilen. Denn da die Stärke der Krümmung eines Kurvenbogens durch den Winkel bestimmt wird, welchen die an den Endpunkten dieses Bogens gezogenen Tangenten einschließen, und da bei dem Kreise dieser Tangentenwinkel dem Centriwinkel gleich ist, und also für gleiche Bogen desselben Kreises gleich groß ist: so ist folglich der Kreis die einzige krumme Linie, welche eine gleichförmige Krümmung oder überall dieselbe Krümmung besitzt, die noch außerdem dem Radius umgekehrt proportionirt ist. Da man nun im Stande ist, den Krümmungshalbmesser der verschiedenen Kurven zu finden, so ist es leicht (indem nach dem Vorhergehenden der Mittelpunkt des oskulatorischen Kreises in der Normale liegt, welche durch den Berührungspunkt gezogen wird), den Krümmungskreis zu zeichnen und aus ihm die Krümmung und die damit zusammenhängenden Eigenschaften der Kurve zu beurtheilen. — Durch die Differenzialrechnung kann für den Krümmungshalbmesser eine Formel auf folgende Weise gefunden werden.

Der aus 2) hergeleitete Differenzial-Koeffizient muß mit dem aus der gegebenen Kurvengleichung übereinstimmen; es muß also q statt Q gesetzt werden, wenn eine Berührung der zweiten Ordnung statt finden soll. Nun ist das Differenzial von 2):

$$(y-\beta)\,d^2y + dy^2 + dx^2 = 0 \text{ oder}$$

$$(y-\beta)\frac{dy^2}{dx^2} + \frac{dy^2}{dx^2} + 1 = 0 \text{ oder}$$

$$(y-\beta)\,q + p^2 + 1 = 0 \text{ oder}$$

$$4)\quad y-\beta = -\frac{1+p^2}{q}.$$

Ferner folgt aus 2) $-(x-\alpha) = (y-\beta)\,p$ oder

$$5)\quad x-\alpha = \left(\frac{1+p^2}{q}\right)p.$$

Substituirt man 4) und 5) in 1), so erhält man

$$\left(\frac{1+p^2}{q}\right)^2 p^2 + \left(\frac{1+p^2}{q}\right)^2 = r^2 \text{ oder}$$

$$\left(\frac{1+p^2}{q^2}\right)^3 = r^2 \text{ oder}$$

$$6)\quad r = \frac{\pm(1+p^2)^{\frac{3}{2}}}{q},$$

welches die gesuchte allgemeine Formel für den Krümmungshalbmesser ist.

1. Zusatz. Das doppelte Zeichen bezieht sich auf die entgegengesetzte Lage zweier Halbmesser, welche zusammen einen Durchmesser betragen, und gibt zu erkennen, daß der Mittelpunkt des oskulatorischen Kreises und die Abscissenaxe entweder auf derselben Seite oder auf verschiedenen Seiten der Kurve liegen. Im ersten Falle ist die Kurve gegen die Abscissenaxe konkav und q negativ; im zweiten Falle ist sie gegen die Abscissenaxe konvex und q positiv. Da nun der Krümmungshalbmesser nach 3) in der Richtung der Normale liegt und man übereingekommen ist, diejenige Lage desselben, welche er bei einer gegen die Abscissenaxe

konkave Kurve erhält, als die positive anzunehmen, in welchem Falle offenbar der Mittelpunkt des Krümmungskreises in der Normale selbst, bei einer gegen die Abscissenaxe konvexen Kurve aber in ihrer Verlängerung liegt; so wird von diesen doppelten Zeichen gewöhnlich nur das negative beibehalten.

2. Zusatz. Eine bemerkenswerthe Eigenschaft des Krümmungskreises, die er aber mit allen berührenden Kurven von gerader Ordnung gemein hat, ist, daſt er die gegebene Kurve, indem er dieselbe berührt, zugleich auch schneidet. Denn stellt **CMD** (Fig. 5.) die gegebene Kurve, **EMF** den Berührungskreis vor, so ist, wenn man in 5) des 27. §. der Kürze halber den Koeffizienten von Δx mit **B** bezeichnet, da hier nun $n = 2$ ist,

$$Lm - Lm' = mm' = B.\Delta x^3 + \ldots.$$

Eben so ist, wenn man $Kl = -\Delta x$ nimmt und in l die Ordinate zieht,

$$\mu\mu' = -B.\Delta x^3 + \ldots,$$

so daß also, indem für hinreichend kleine Werthe von Δx die Zeichen der ersten Glieder entscheidend sind, die beiden Differenzen mm' und $\mu\mu'$ entgegengesetzte Zeichen erhalten; woraus folgt, daß, wenn der Krümmungskreis nach **D** hin unterhalb der Kurve liegt, er nach **C** hin oberhalb derselben liegen muß und umgekehrt, so daß dieser die gegebene Kurve wirklich in **M** schneidet. Das eben Bewiesene gilt offenbar zugleich für alle Berührungskurven von gerader Ordnung, weil die Differenz mm' in diesem Falle mit einer ungeraden Potenz von Δx anfängt, während bei den berührenden von ungerader Ordnung dieses erste Glied der Reihe mit einer geraden Potenz von Δx verbunden ist, also sein Zeichen nicht ändert, wenn man $+\Delta x$ in $-\Delta x$ verwandelt. Daher findet auch bei diesen kein Durchschneiden mit der gegebenen Kurve im Berührungspunkte statt.

3. Zusatz. Da in der Kreisgleichung zu jedem Berührungspunkte **M** einer gegebenen Kurve ein verschiedenes α und β gehört, so müssen die Mittelpunkte der zugehörigen Krümmungskreise eine eben so stetige Kurve beschreiben, als die gegebene ist. Man nennt die von den oskulatorischen Mittelpunkten beschriebene Kurve die Mittelpunktskurve oder auch Evolute (Entwickelte) und im Gegensatze davon die gegebene Kurve die Evolvente (Entwickelnde). Da nun die Gleichung der Evolute eine Funktion zwischen α und β sein muß, so gelangt man zur Gleichung der Mittelpunktskurve oder Evolute, wenn man in 4) und 5) die Werthe von y, p und q aus der Gleichung

der gegebenen Kurve, d i. der Evolvente substituirt und dann x eliminirt.

4. Zusatz. Da die Koordinaten des Mittelpunktes α, β des Krümmungskreises und dessen Halbmesser r, von einem Punkte M der gegebenen Kurve zu einem andern genommen, veränderlich sind; so kann man sie auch wie veränderliche Größen beim Differenziren behandeln. Geschieht dies, so erhält man aus 1)

$$7)\ (x-\alpha)dx-(x-\alpha)d\alpha+(y-\beta)dy-(y-\beta)d\beta=r.dr$$

und aus Gleichung 2)

$$8)\ dx^2-d\alpha.dx+dy^2-d\beta.dy+(y-\beta)d^2y=0.$$

Subtrahirt man 2) von 7) und das Differenzial der Gleichung 2), welches $dx^2+dy^2+(y-\beta)d^2y=0$ ist, von 8); so erhält man

$$9)\ (x-\alpha)d\alpha+(y-\beta)d\beta=-rdr \text{ und}$$

$$10)\ d\alpha.dx+d\beta.dy=0 \text{ oder } \frac{d\beta}{d\alpha}=-\frac{dx}{dy}.$$

Substituirt man diesen Werth von 10) in Gleichung 3), so erhält man

$$11)\ \beta-y=\frac{d\beta}{d\alpha}(\alpha-x).$$

Diese Gleichung 11) zeigt in Vergleich mit 3),

„daß jede Normale der Evolvente eine Tangente der Evo„lute ist im Punkte α, β."

Setzt man aus 11) den Werth von $y-\beta$ in die Gleichung 1) und 9), so erhält man

$$(x-\alpha)^2\left(1+\frac{d\beta^2}{d\alpha^2}\right)=r^2 \text{ und } (x-\alpha)\left(d\alpha+\frac{d\beta^2}{d\alpha}\right)=-r.dr.$$

Eliminirt man aus diesen beiden letzten Gleichungen $x-\alpha$, so erhält man

$$12)\ dr=\sqrt{(d\alpha^2+d\beta^2)}.$$

Diese Gleichung 12) zeigt in Vergleich mit Zus. des 15. §.,

„daß das Differenzial des Krümmungshalbmessers dem Dif„ferenzial der Mittelpunktskurve gleich ist, oder daß die Krüm„mungshalbmesser der Evolvente und die entsprechenden Bogen „der Evolute von einem Punkte zu einem andern um gleiche „Differenzen zunehmen."

Der zweite Theil dieser Folgerung läßt sich auch noch auf folgende Weise erhärten. Bedeutet $d\varphi = \sqrt{(d\alpha^2 + d\beta^2)}$ das Differenzial der Evolute, so ist nach dem eben Bewiesenen $d\varphi = d\alpha$ oder, wenn c eine Konstante bedeutet, $d\alpha = d(\varphi + c)$, und daher $\alpha = \varphi + c$. Für einen zweiten Punkt ist eben so $\alpha' = \varphi' + c$, folglich

13) $\alpha - \alpha' = \varphi - \varphi'$.

5. Zusatz. Fig. 6. Denkt man sich über die konvexe Seite der Mittelpunktskurve MCE einen Faden gelegt, so daß die Verlängerung dieses Fadens MN geradlinig und der Evolute tangent und N ein Punkt der Evolvente ist; so ist MN in diesem Punkte der Krümmungshalbmesser. Denkt man sich ferner den krummlinigen Theil dieses Fadens so aufgezogen, daß er gespannt und der Evolute tangentirt bleibt, so wird der Punkt N die Evolvente beschreiben; denn die Tangente BC der Evolute, welche zugleich die Normale der Evolvente ist, nimmt immer um gleiche Differenzen mit dem Bogen der Evolute zu. Es ist also ein Bogen ME der Evolute gleich der Differenz der beiden Krümmungshalbmesser DE und MN. Wenn nun die Evolvente eine algebraische krumme Linie ist, so sind auch p und q, daher auch die Krümmungshalbmesser MN und DE algebraische Funktionen der Koordinaten von N und E, folglich auch der Koordinaten von M und E. Es ist also dann ein jeder Bogen der Evolute rektifizirbar, d. h. er ist eine algebraische Funktion seiner Endpunkte.

6. Zusatz. Da der Mittelpunkt des Krümmungskreises zugleich der Durchschnitt zweier nächsten Normalen ist, so enthält die Evolute zugleich auch alle diese Durchschnittspunkte.

7. Zusatz. Da man den beschreibenden Punkt an einer beliebigen Stelle des um die Evolute geschlagenen Fadens annehmen kann, so folgt hieraus, daß zu jeder Evolute unzählig viele Evolventen beschrieben werden können.

§. 29.

Konvexität und Konkavität gegen die Abscissenaxe.

Aus dem 6. Zus. des 17. §. ergeben sich folgende Kennzeichen

1) für die Konvexität: $p = 0$ und q positiv;

2) für die Konkavität: $p = 0$ und q negativ.

§. 30.

Punkte der größten und kleinsten Ordinaten.

Aus dem 3. Zus. des 17. §. folgt, daß $\frac{dy}{dx} = p$ positiv ist, wenn die Ordinaten einer gegen die Abscissenaxe konkaven Kurve zunehmen; dagegen negativ wird, wenn diese abnehmen. Es muß demnach im Punkte der größten Ordinate $\frac{dy}{dx}$ offenbar sein Zeichen ändern. Dasselbe gilt auch im Punkte der kleinsten Ordinate einer gegen die Abscissenaxe konvexen Kurve. Es muß daher in den Punkten der größten und kleinsten Ordinaten der erste Differenzial-Quotient entweder $= 0$ oder $= \frac{1}{0} = \infty$ sein, je nachdem eine ganze (kontinuirliche) oder eine Bruchfunktion in Rede steht. Denn eine ganze Funktion kann das Zeichen nur ändern, indem dieselbe durch Null geht. Eine Bruchfunktion dagegen ändert ihr Zeichen nicht nur mit dem Zähler (in welchem Falle die Funktion ebenfalls durch Null geht), sondern auch mit dem Nenner; indem aber dieser Nenner durch Null geht, muß die Bruchfunktion selbst durch ∞ gehen. Hieraus folgt nun nach 4. und 5. Zus. des 17. §. weiter, daß die Tangente, welche gleich $\frac{dy}{dx} = p$ ist, in den Punkten der größten und kleinsten Ordinaten entweder mit der Abscissenaxe oder mit der Ordinatenaxe parallel läuft, wodurch dann zugleich die Grenze der Kurve gegen die beiden rechtwinkligen Koordinatenaxen bestimmt sind. Um aber zu erfahren, ob eine **größte** oder **kleinste** Ordinate vorhanden ist, darf man nur bemerken, daß bei einer **größten** Ordinate $\frac{dy}{dx}$ aus dem positiven ins Negative, bei einer **kleinsten** aber aus dem Negativen ins Positive übergeht, weil im ersten Falle die Ordinaten Anfangs zu- und dann abnehmen, im zweiten Falle aber das Gegentheil statt findet. Die Kennzeichen sind also bei den Ordinaten:

$$p = 0 \text{ oder } = \infty \text{ und Zeichenwechsel}$$

und zwar

1) für eine **größte**: p aus $+$ in $-$,
2) für eine **kleinste**: p aus $-$ in $+$.

1. **Zusatz**. Will man die Grenzen einer Kurve nach der Richtung der beiden Koordinatenaxen bestimmen, so muß man den ersten Differenzial-Koeffizienten dieser Kurve $= 0$ und

auch $= \frac{1}{0} = \infty$ setzen, und aus diesen Gleichungen in Verbindung mit der Kurvengleichung die reellen Werthe von x und y aufsuchen. Indeß, da auch in andern Punkten dieser Kurve, die keine Grenzpunkte sind, $\frac{dy}{dx} = 0$ oder $= \frac{1}{0}$ sein kann; so muß man die Kurve in der Nähe der Punkte, welche den für x und y gefundenen Werthen entsprechen, noch besonders untersuchen, und sich durch die Nachbarwerthe von dem Dasein der größten oder kleinsten Werthe von x und y überzeugen.

2. Zusatz. Für denjenigen Punkt, für welchen $p = 0$ ist, erhalten die Koordinaten des Mittelpunktes des Krümmungskreises (nach 4) und 5) des 28. §.) die Werthe

$$\alpha = x \text{ und } \beta = y + \frac{1}{q},$$

woraus folgt, daß wenn q negativ wird, $\beta < y$ ist, also der Mittelpunkt des Krümmungskreises diesseits der Kurve, d. i. von der Kurve aus gegen die Abscissenaxe liegt, folglich die Kurve gegen diese Axe konkav; daß hingegen, wenn q positiv wird, also $\beta > y$ ist, der Mittelpunkt des Krümmungskreises jenseits der Kurve liegt, folglich diese gegen die Abscissenaxe konvex ist.

§. 31.

Beuge-, Wende- oder Flexionspunkte.

Aus dem 6. Zus. des 17. §. folgt, daß im Wendepunkte q sein Zeichen ändern, und also in diesem Punkte $q = 0$ oder $= \frac{1}{0} = \infty$ sein muß. Um also zu erfahren, ob eine Kurve einen Wendepunkt habe, muß man aus ihrer Gleichung q aufsuchen; und wenn nun q ein Bruch ist, so muß man nicht nur den Zähler $= 0$, sondern auch den Nenner $= 0$ setzen, wodurch im ersten Falle $q = 0$, im andern Falle $q = \infty$ wird, und endlich hieraus mit Zuziehung der Kurvengleichung die reellen Werthe von x und y bestimmen. Findet sich nun z. B. für x der reelle Werth a und für y der reelle Werth b, so ist dadurch die Möglichkeit dargethan, daß dieser Punkt x, y ein Flexionspunkt sei. Da aber auch in den Grenzpunkten $q = 0$ oder $= \infty$ sein kann, so muß man, um sich von dem wirklichen Vorhandensein eines Flexionspunktes zu überzeugen, den Lauf der Kurve in der Nähe dieses Punktes untersuchen, und zu dem Ende (in dem gefundenen q) $x = a \pm \Delta x$ setzen und nach dem Taylorschen Lehrsatze ermitteln, ob für die doppelten Zeichen bei den kleinsten Werthen von Δx dieses q wirklich entgegengesetzte Zeichen erhält, in welchem Falle dann die benachbarten Punkte auf der einen Seite dem konvexen, auf der andern Seite dem konkaven Theile der Kurve angehören, also der Punkt selbst ein Flexionspunkt ist.

Die Kennzeichen für Flexionspunkte sind also:

$q = 0$ oder $= \infty$ und Zeichenwechsel

und zwar beim Uebergange

1) aus Konvexität in Konkavität aus $+$ in $-$,
2) aus Konkavität in Konvexität aus $-$ in $+$.

§. 32.

Rückkehrpunkte, Spitzen.

Ein Rückkehrpunkt M oder eine Spitze wird gebildet, wenn zwei Kurvenäste sich in M vereinigen und zwar so, daß diese Aeste entweder ihre konvexen Seiten einander zukehren (Spitze oder Rückkehrpunkt der ersten Art), oder daß die konvexe Seite des einen gegen die konkave Seite des andern gerichtet ist (Spitze der zweiten Art). Im ersten Falle liegen die dem Punkte M zunächst gelegenen Punkte der beiden Kurvenäste an verschiedenen, im zweiten Falle auf derselben Seite der im Punkte M gezogenen Tangente.

Sind die Ordinaten des Rückkehrpunktes $x = a$ und $y = b$, so muß die zugehörige Gleichung der Kurve nothwendig so beschaffen sein, daß y, für $x = a$, nur den alleinigen Werth b, für $x = a + \Delta x$ zwei reelle Werthe und für $x = a - \Delta x$ imaginäre Werthe enthält, d. h. es muß die Gleichung eine Wurzelgröße von der Form $(x - a)^{\frac{n}{m}}$ enthalten, wo m eine gerade und n eine ungerade Zahl ist. Enthält die Kurvengleichung $(a - x)^{\frac{n}{m}}$ statt jener Wurzelgröße, so wird umgekehrt y für $x = a + \Delta x$ imaginär und für $x = a - \Delta x$ reell, so daß also in diesem Falle die Kurvenäste in der Richtung der negativen x liegen, während sie im ersten Falle in der Richtung der positiven x liegen. — Ist in der Wurzelgröße der Kurvengleichung n gerade und m ungerade, so darf man nur x mit y (folglich auch die Koordinatenaxen) mit einander verwechseln, um wieder den vorigen Fall zu haben.

Da bei den Spitzen erster Art q in M sein Zeichen ändert, so muß $q = 0$ oder $= \infty$ sein und außerdem dasselbe q für

$x = a + \Delta x$ Resultate mit entgegengesetzten Zeichen geben. Für die Spitzen zweiter Art ist q zwar nicht nothwendig $= 0$ oder $= \infty$; aber q muß bei den Rückkehrpunkten zweiter Art, für $x = a + \Delta x$, zwei Werthe von einerlei Zeichen erhalten.

Um also zu erfahren, ob eine Kurve einen Rückkehrpunkt habe, muß man zuerst aus der Kurvengleichung den Punkt $x = a$, $y = b$ bestimmen, in welchem die Kurve in ihrem Laufe inne hält (es wird dann nämlich y für $x = a - \Delta x$ imaginär), indem man für $x = a$ nur den einzigen Werth b, und für $x = a + \Delta x$ zwei reelle Werthe erhält. (Für eine Spitze der ersten Art findet man jenen Punkt aus der Gleichung $q = 0$ oder $q = \infty$). Endlich muß man noch q für $x = a + \Delta x$, so wie überhaupt den Lauf der Kurve in der Nähe des Punktes $x = a$, $y = b$ untersuchen, um sich zu überzeugen, ob derselbe wirklich ein Rückkehrpunkt sei oder nicht.

§. 30.

Vielfache Punkte.

Ein Punkt, durch welchen eine Kurve wiederholentlich geht, heißt ein vielfacher Punkt derselben. Die Kurvenäste können sich nun in diesem Punkte entweder schneiden, und dann hat jeder derselben eine besondere Tangente, oder die Kurvenäste können sich in diesem Punkte berühren, und dann haben sie in demselben eine gemeinschaftliche Tangente.

Eine Kurve, deren Gleichung $y = F(x)$ sei, habe in **M** einen doppelten oder einen zweifachen Punkt der erstern Art, in welchem sich also zwei Kurvenäste schneiden. Man mache die Kurvengleichung rational, bringe sie auf Null und setze sie $= u$, so ist

$$du = \left(\frac{du}{dx}\right) dx + \left(\frac{du}{dy}\right) dy = 0,$$

woraus folgt:

$$1) \left(\frac{du}{dx}\right) + \left(\frac{du}{dy}\right) \frac{dy}{dx} = 0 \text{ und } 2) \frac{dy}{dx} = -\frac{\left(\frac{du}{dx}\right)}{\left(\frac{du}{dy}\right)}.$$

Nach 2) erhält, da $\left(\frac{du}{dx}\right)$ und $\left(\frac{du}{dy}\right)$ rationale Funktionen von x und y sind, $\frac{dy}{dx}$ nur einen einzigen Werth; da aber

$\frac{dy}{dx}$ = tang. ist, welche im zweifachen Punkte der ersteren Art eine zwiefache Lage hat, so muß in diesem Falle auch $\frac{dy}{dx}$ im Punkte M, wo $x = a$ und $y = b$ ist, zwei Werthe haben. Dies kann aber nicht anders geschehen, als wenn (für $x = a$ und $y = b$) $\frac{dy}{dx} = \frac{0}{0}$ ist, d. h. wenn $\left(\frac{du}{dx}\right) = 0$ und $\left(\frac{du}{dy}\right) = 0$ werden.

Ist M ein zweifacher Punkt der zweiten Art, in welchem sich also die Kurvenäste nur berühren, und zwar z. B. in der $(n-1)$sten Ordnung, so daß also die $(n-1)$sten Differenzial-Quotienten beider Kurvenäste einander der Reihe nach gleich sind: so muß schon der nte Differenzial-Koeffizient, d. i. $\frac{d^ny}{dx^n}$ für $x = a$ und $y = b$ zwei verschiedene Werthe erhalten. Nun ist nach 10) des 24. §.

$$\frac{d^ny}{dx^n} = \frac{V}{\left(\frac{du}{dy}\right)},$$

wo V eine Funktion von x, y und den verschiedenen Differenzial-Quotienten $\frac{dy}{dx}$ bis zur $(n-1)$sten Ordnung ist, welche alle rational sind, und da auch $\left(\frac{du}{dy}\right)$ rational ist und überdies $\frac{d^ny}{dx^n}$ in der Gleichung nur in der ersten Potenz vorkommt: so kann $\frac{d^ny}{dx^n}$ für $x = a$ und $y = b$ nicht anders zwei verschiedene Werthe anzeigen, als wenn

$$\frac{d^ny}{dx^n} = \frac{V}{\left(\frac{du}{dy}\right)} = \frac{0}{0}, \text{ folglich}$$

$$\left(\frac{du}{dy}\right) = 0 \text{ ist.}$$

Aus 1) folgt dann aber auch $\left(\frac{du}{dx}\right) = 0$.

Es mag also M ein zweifacher Punkt der ersten oder der zweiten Art sein, in beiden Fällen muß in Beziehung auf M, für $x = a$, $y = b$, $\left(\frac{du}{dx}\right) = 0$ und $\left(\frac{du}{dy}\right) = 0$, und daher $\frac{dy}{dx} = \frac{0}{0}$ sein. Beide Fälle unterscheiden sich jedoch dadurch, daß wenn M ein vielfacher Punkt der erstern Art (Schneidepunkt) ist, $\frac{dy}{dx}$ verschiedene, und wenn M ein vielfacher Punkt der andern Art (Berührungspunkt) ist, $\frac{dy}{dx}$ gleiche Werthe erhält.

Dabei ist aber zu bemerken, daß $\left(\frac{du}{dx}\right)$ und $\left(\frac{du}{dy}\right) = 0$ und $\frac{dy}{dx} = \frac{0}{0}$ für $x = a$, $y = b$ sein können, ohne daß M ein vielfacher Punkt ist.

Um also die vielfachen Punkte einer Kurve zu ermitteln, wird man aus

$$\left(\frac{du}{dx}\right) = 0 \text{ und } \left(\frac{du}{dy}\right) = 0$$

die Werthe von x und y bestimmen, und von diesen nur diejenigen beibehalten, welche der Kurvengleichung $u = 0$ Genüge leisten. Dadurch erhält man die Koordinaten aller Punkte, welche möglicher Weise vielfache Punkte sind. Um nun weiter zu ermitteln, ob sie wirklich vielfache Punkte sind, muß man den Lauf der Kurve in ihrer Nähe weiter untersuchen, und dabei besonders auf die Anzahl der Werthe von $\frac{dy}{dx}$ in diesen Punkten achten. Hierbei tritt nun aber der Fall ein, daß $\frac{dy}{dx}$ nicht aus $du = 0$ bestimmt werden kann; man muß es deßhalb aus $d^2u = 0$ bestimmen, indem man wegen $\left(\frac{du}{dy}\right) = 0$ hat (cfr. §. 24)

$$0 = \left(\frac{d^2u}{dx^2}\right) + 2\left(\frac{d^2u}{dx\,dy}\right)\frac{dy}{dx} + \left(\frac{d^2u}{dy^2}\right)\frac{dy^2}{dx^2},$$

woraus, da $\frac{dy}{dx}$ in der zweiten Potenz vorkommt, die beiden Werthe von $\frac{dy}{dx}$ gefunden werden, wenn M ein doppelter oder zweifacher Punkt ist. Ist M ein dreifacher Punkt, wo also $\frac{dy}{dx}$ einen dreifachen Werth erhält, so muß man die drei Werthe aus $d^3u = 0$ bestimmen u. s. f.

§. 34.

Konjugirte Punkte.

Unter konjugirten oder beigeordneten Punkten versteht man solche, welche außerhalb der Kurve liegen und doch zugleich in der Kurvengleichung enthalten sind. Wenn nun M ein solcher Punkt ist, so muß y für $x = a$ in diesem Punkte reell, für $x = a \pm \Delta x$ aber imaginär sein.

Nach dem Taylorschen Lehrsatze erhält man nun, wenn statt x gesetzt wird $a \pm \Delta x$,

$$y \pm \Delta y = y \pm p\Delta x + q \cdot \frac{\Delta x^2}{2} \pm \frac{r \cdot \Delta x^3}{2.3} + \ldots.$$

In dieser Reihe der Differenzial-Koeffizienten muß nothwendig einer sein, welcher, um $y \pm \Delta y$ zu erhalten, für $x = a$ imaginär wird. Auch findet hier das Umgekehrte statt, so daß, wenn y für $x = a$ reell und zugleich einer der Differenzial-Koeffizienten imaginär wird, der Punkt M oder $x = a$, $y = F(a)$ ein konjugirter Punkt der Kurve ist. Auch muß, für den Punkt M, $\frac{dy}{dx} = \frac{0}{0}$ sein, wenn man die Kurvengleichung von ihren Wurzelgrößen befreit, dann auf Null bringt und daraus den Werth von $\frac{dy}{dx}$ ableitet. Denn nimmt man in jener Reihe der Differenzial-Koeffizienten $\frac{d^ny}{dx^n}$ als den ersten an, welcher für $x = a$ imaginär wird, so soll dieser imaginäre Werth aus der Gleichung

$$\frac{d^ny}{dx^n} = \frac{V}{\left(\frac{du}{dy}\right)}$$

hervorgehen, welches aber nur dadurch möglich wird, daß, wie im vorigen §., $\left(\frac{du}{dy}\right) = 0$, folglich auch $\left(\frac{du}{dx}\right) = 0$, und endlich daher auch

$$\frac{dy}{dx} = -\frac{\left(\frac{du}{dx}\right)}{\left(\frac{du}{dy}\right)} = \frac{0}{0} \text{ wird.}$$

Um also die beigeordneten Punkte einer Kurve zu ermitteln, muß man aus den Gleichungen $\left(\frac{du}{dx}\right) = 0$ und $\left(\frac{du}{dy}\right) = 0$ die Werthe von x und y bestimmen, und von diesen Werthen diejenigen näher untersuchen, welche der Kurvengleichung, in Beziehung auf die den beigeordneten Punkten zukommenden Eigenschaften, Genüge leisten.

Zweiter Abschnitt.

Die ursprüngliche Funktion aus gegebenen Differenzial-Koeffizienten zu finden.

§. 25.

Erste Integrations-Regel.

Aus $y = A + Bx + Cx^2 + Dx^3 + \ldots.$ erhält man

$$\frac{dy}{dx} = p = B + 2Cx + 3Dx^2 + \ldots.$$

Aus der Vergleichung dieses Differenzial-Koeffizienten mit der ursprünglichen Funktion, zu der er gehört, ergibt sich nun leicht folgende Regel:

„Man erhält, wenn der Differenzial-Koeffizient eine algebraische „ganze Funktion ist, die Urfunktion dadurch, daß man den Diffe-„renzial-Koeffizienten mit der Basis der Veränderlichen mul-„tiplizirt, sodann jedes erhaltene Glied durch den Exponenten „seiner Veränderlichen dividirt, und endlich noch A (wofür „man aber gewöhnlich den Buchstaben C gebraucht) als die „fehlende Konstante hinzufügt."

Diese Regel soll im Folgenden stets die erste Integrations-Regel genannt werden.

Um anzuzeigen, daß zu einem gegebenen Differenzial-Koeffizienten die ursprüngliche Funktion gesucht werden solle, wird demselben das sogenannte Integralzeichen $\int$ vorgesetzt. Die

Verrichtung, durch welche aus einem gegebenen Differenzial-Koeffizienten die ursprüngliche Funktion wieder hervorgebracht wird, heißt **Integration**, und diese Verrichtung vollziehen, heißt **integriren**. Die durch das Integriren erhaltene ursprüngliche Funktion wird dann das **Integral** genannt.

Nach der ersten Integrationsregel ist nun

$$\int (a+bx)^m = \frac{(a+bx)^m x}{\mathfrak{E}} + C,$$

wo $\mathfrak{E}$ den Exponenten anzeigt, welchen die Veränderliche eines jeden Gliedes hat und durch welchen jedes Glied zu dividiren ist. Entwickelt man $(a+bx)^m$ nach dem binomischen Lehrsatze, so erhält man

$$1) \int (a+bx)^m = \frac{(a+bx)^m x}{\mathfrak{E}}$$

$$= a^m x + \frac{ma^{m-1}bx^2}{2} + \frac{m(m-1)b^2x^3}{1.2.3} + \ldots,$$

Auf dieselbe Weise ist

$$2) \int x^m (b+ax^n)^p = \frac{x^m (b+ax^n)^p x}{\mathfrak{E}}$$

$$= \frac{b^p x^{m+1}}{m+1} + \frac{pb^{p-1}.ax^{m+n+1}}{m+n+1} + \ldots,$$

welches eine endliche Reihe wird, wenn m und n ganze Zahlen sind, und wenn zugleich entweder m negativ und größer als n ist, oder wenn n negativ und größer als m ist.

Zusatz. Ist der Differenzial-Koeffizient mehrgliedrig, so wird die Urfunktion oder das Integral auch erhalten, wenn man jedes Glied für sich integrirt und dann summirt.

§. 36.

Zweite Integrations

Man erhält (in gewissen Fällen) die Urfunktion auch aus dem Differenzial-Koeffizienten,

„wenn man ihn mit der Grundzahl multiplizirt und dann „durch den Exponenten derselben und durch den Differenzial-„Koeffizienten der Grundzahl dividirt."

$$\text{Z. B.} \int (a+bx)^m = \frac{(a+bx)^{m+1}}{(m+1)b} + C.$$

Diese Regel ergibt sich aus §. 5 durch die Betrachtung von

$$\frac{dy}{dx} = y'z'.$$

Denn dividirt man erst durch z', d. h. durch den Differenzial-Koeffizienten der Basis von y', so erhält man y'. Aus y' erhält man y (die Urfunktion), wenn man (zufolge der ersten Integrationsregel) den Exponenten von y' um 1 erhöht und dann durch den um 1 erhöhten Exponenten dividirt, d. h. es ist

$$\int\frac{dy}{dx} = \frac{y'.z'.z}{z'(m+1)},$$

wo z die in y' enthaltene Basis und (m + 1) den um 1 erhöhten Exponenten von y' bedeutet.

Aus der nähern Betrachtung dieses Ausdrucks für $\int\frac{dy}{dx}$ ergiebt sich ferner, daß der Nenner die Veränderliche nicht mehr enthält, und daß diese zweite Integrationsregel daher auch nicht bei solchen binomischen oder polynomischen Funktionen brauchbar ist, bei denen durch z' eine Veränderliche in den Nenner kommt. Sie ist also nur dann brauchbar, wenn z' (der Differenzial-Koeffizient der Basis) entweder die Veränderliche gar nicht mehr enthält, oder wenn sich z' gegen den Faktor hebt, den die Potenz y' bei sich hat, oder endlich, wenn sich wenigstens die Veränderliche von z' gegen die gleiche Veränderliche hebt, die die Potenz noch als Faktor bei sich hat. Sie ist demnach nicht anwendbar bei den Funktionen $(a + bx^3)^3$, $x(a + bx^3)^3$ und ähnlichen, wohl aber anwendbar bei

$$1) \int x^{m-1}(a+bx^m)^p = \frac{x^{m-1}(a+bx^m)^{p+1}}{(p+1)mb\,x^{m-1}} = \frac{(a+bx^m)^{p+1}}{(p+1)mb} + C,$$

$$2) \int\frac{A}{(a+bx)^n} = \int A(a+bx)^{-n} = \frac{A(a+bx)^{-n+1}}{(1-n)b}$$

$$= \frac{A}{b}\cdot\frac{1}{(1-n)(a+bx)^{n-1}}.$$

Zusatz. Ob man in denjenigen Fällen, wo es angeht, von der ersten oder zweiten Integrationsregel Gebrauch machen wolle, ist für das Resultat gleichgültig, da beide Regeln zu demselben Resultate führen, wie aus der Anwendung auf folgendes Beispiel ersehen werden kann.

Nach der ersten Regel ist

$$\int x^2(a+bx^3)^3 = \frac{x^3(a+bx^3)^3}{\mathfrak{E}} + C, \text{ wo für } x = 0,\ C = 0 \text{ ist.}$$

Nun ist

$$\frac{x^3(a+bx^3)^3}{\mathfrak{E}} = \frac{a^3x^3}{3} + \frac{3a^2bx^6}{6} + \frac{3.2ab^2x^9}{1.2.9} + \frac{3.2.1.b^3x^{12}}{1.2.3.12},$$

also $\int x^2(a+bx^3)^3 = \frac{a^3x^3}{3} + \frac{a^2bx^6}{2} + \frac{ab^2x^9}{3} + \frac{b^3x^{12}}{12}$,

Nach der zweiten Regel ist

$$\int x^2(a+bx^3)^3 = \frac{x^2(a+bx^3)^4}{4.3.bx^2} = \frac{(a+bx^3)^4}{4.3.b} + C,$$

wo für $x = 0$, $C = -\frac{a^4}{4.3.b}$ ist.

Nun ist

$$\frac{(a+bx^3)^4}{4.3.b}$$

$$= \frac{a^4}{4.3.b} + \frac{4.a^3bx^3}{4.3.b} + \frac{4.3.a^2b^2x^6}{1.2.4.3.b} + \frac{4.3.2ab^3x^9}{1.2.3.4.3.b} + \frac{4.3.2.1.b^4x^{12}}{1.2.3.4.4.3.b},$$

also $\int x^2(a+bx^3)^3$

$$= \frac{a^4}{4.3.b} + \frac{a^3x^3}{3} + \frac{a^2bx^6}{2} + \frac{ab^2x^9}{3} + \frac{b^3x^{12}}{12} - \frac{a^4}{4.3.b},$$

welches Resultat dem Werthe nach genau mit dem nach der ersten Regel erhaltenen Resultate übereinstimmt.

§. 37.

Umformung von Differenzial-Koeffizienten Behufs ihrer Integration.

Hat man $\frac{dy}{dx} = x^m$, wo x eine Funktion von z ist, z. B. $x = a - bz^2$, und will den gegebenen Differenzial-Koeffizienten x^m so umformen, daß er zu einer Funktion von z wird, so muß man nach der Substitution des Werthes von x in x^m noch mit dem Differenzial-Koeffizienten der Funktion x multipliziren. Denn substituirt man den für x angenommenen Werth in $\frac{dy}{dx} = x^m$, so erhält man $\frac{dy}{d(a-bz^2)} = (a-bz^2)^m$, das ist

$$\frac{dy}{-2bz.dz} = (a-bz^2)^m,$$

und daher

$$\frac{dy}{dx} = -2bz(a - bz^2)^m,$$

wo $-2bz$ der Differenzial-Koeffizient von $x = a - bz^2$ ist. Durch Anwendung der zweiten Integrationsregel ist nun

$$\frac{-2bz(a-bz^2)^{m+1}}{-2bz(m+1)} = \frac{(a-bz^2)^{m+1}}{m+1} = \frac{x^{m+1}}{m+1} = \int x^m = \int \frac{dy}{dx},$$

also $\int \frac{dy}{dx} = \int -2bz(a - bz^2)^m$.

Eine solche Umformung ist namentlich dann zu machen, wenn es darauf ankommt, einen gegebenen irrationalen Differenzial-Koeffizienten durch Substitution rational zu machen, oder auf eine Form zu bringen, in der er, ohne ihn in eine unendliche Reihe zu verwandeln, integrirt werden kann.

Beispiele.

1) Hat man $\frac{Ax^m}{(a+bx)^n}$ und setzt $a+bx = z$, so ist

$$x = \frac{z-a}{b},\ \frac{dx}{dz} = \frac{1}{b} \text{ und } x^m = \frac{(z-a)^m}{b^m}, \text{ folglich}$$

$$\int \frac{Ax^m}{(a+bx)^n} = \int \frac{A(z-a)^m}{b^{m+1}.z^n} = \frac{A(z-a)^m.z}{b^{m+1}.z^n.\mathfrak{E}},$$

welches eine endliche Reihe gibt, wenn m eine positive ganze Zahl ist.

2) Hat man $x^3(1-x^2)^{\frac{1}{2}}$ zum Differenzial-Koeffizienten, so ist leicht zu ersehen, daß derselbe rational wird, wenn man $1 - x^2 = z^2$ setzt, und ihn dann zu einer Funktion von z umformt. Es ist dann $x = (1 - z^2)^{\frac{1}{2}}$, $x^3 = (1 - z^2)^{\frac{3}{2}}$ und $\frac{dx}{dz} = -z(1-z^2)^{-\frac{1}{2}}$, folglich

$$\int x^3(1-x^2)^{\frac{1}{2}} = -\int (1-z^2)^{\frac{3}{2}}.z.z(1-z^2)^{-\frac{1}{2}}$$

$$= -\int z^2(1-z^2) = -\int z^2 + \int z^4 = -\frac{z^3}{3} + \frac{z^5}{5}$$

$$= -\tfrac{1}{3}(1-x^2)^{\frac{3}{2}} + \tfrac{1}{5}(1-x^2)^{\frac{5}{2}},$$

wenn man für z wieder den aus $1-x^2 = z^2$ sich ergebenden Werth setzt.

3) Hat man $x^{-3}(1+x^2)^{-2} = \frac{1}{x^3(1+x^2)^2}$ zum Differenzial-Koeffizienten und setzt $1+x^2 = x^2 z$, so ist $x^{-2}+1 = z$, $x = (z-1)^{-\frac{1}{2}}$, $\frac{dx}{dz} = -\frac{1}{2}(z-1)^{-\frac{3}{2}}$, $x^{-3} = (z-1)^{\frac{3}{2}}$ und $(1+x^2)^{-2} = z^{-2}(z-1)^2$, folglich

$$\int x^{-3}(1+x^3)^{-\frac{1}{2}} = -\frac{1}{2}\int (z-1)^{\frac{3}{2}} . z^{-2} . (z-1)^2 . (z-1)^{-\frac{3}{2}}$$

$$= -\frac{1}{2}\int (z-1)^2 z^{-2} = -\frac{\frac{1}{2}(z-1)^2 z^{-1}}{\mathfrak{E}}$$

$$= -\frac{1}{2}(z - 2z^0 + z^{-1})$$

$$= -\frac{1}{2}\left(1 + x^{-2} - 2\log(1+x^{-2}) + \frac{1}{1+x^{-2}}\right).$$

3) Hat man $x^m(a+bx^n)^{\frac{p}{q}}$ zum Differenzial-Koeffizienten und setzt 1) $a+bx^n = z^q$ und 2) $a+bx^n = z^q x^n$, so hat man im ersten Falle

$$x = \left(\frac{z^q-a}{b}\right)^{\frac{1}{n}},\quad x^m = \left(\frac{z^q-a}{b}\right)^{\frac{m}{n}},\quad (a+bx^n)^{\frac{p}{q}} = z^p,$$

$$\frac{dx}{dz} = \frac{q}{n} z^{q-1}\left(\frac{z^q-a}{b}\right)^{\frac{1}{n}-1},$$

folglich $\int x^m(a+bx)^{\frac{p}{q}} = \frac{q}{nb^{\frac{m+1}{n}}}\int z^{p+q-1}(z^q-a)^{\frac{m+1}{n}-1}$,

welches rational wird, wenn $\frac{m+1}{n}$ eine ganze positive Zahl ist.

Aus 2) $a+bx^n = z^q x^n$ hat man $x^n = \frac{a}{z^q-b}$,

$x = a^{\frac{1}{n}}(z^q-b)^{-\frac{1}{n}}$, $x^m = a^{\frac{m}{n}}(z^q-b)^{-\frac{m}{n}}$, $(a+bx^n)^{\frac{p}{q}} = z^p a^{\frac{p}{q}}(z^q-b)^{-\frac{p}{q}}$ und $\frac{dx}{dz} = -\frac{a^{\frac{1}{n}}z^{q-1}}{n}(z^q-b)^{-\frac{1}{n}-1}$,

folglich $\int x^m(a+bx^n)^{\frac{p}{q}}$

$$= -\frac{q \,.\, a^{\frac{m+1}{n}+\frac{p}{q}}}{n}\int z^{p+q-1}(z^q-b)^{-\left(\frac{m+1}{n}+\frac{p}{q}\right)-1},$$

welches rational wird, wenn $-\left(\frac{m+1}{n}+\frac{p}{q}\right)$ eine positive ganze Zahl ist, oder wenn $\frac{m+1}{n}+\frac{p}{p}$ eine negative ganze Zahl ist.

NB. Aus der Umformung dieses Beispiels geht also hervor, daß die Differenzial-Koeffizienten von der Form

$$x^m(a+bx^n)^{\frac{p}{q}},$$

wo m und n beliebige ganze oder gebrochene, positive oder negative Zahlen und $\frac{p}{q}$ positiv oder negativ sein kann, rational werden, wenn entweder

1) $\frac{m+1}{n}$ eine positive ganze Zahl oder

2) $\frac{m+1}{n}+\frac{p}{q}$ eine negative ganze Zahl ist.

Uebrigens versteht es sich aus den beiden vorhergehen §§. von selbst, daß jedem Integral noch eine konstante Größe beizufügen ist, wenn es vollständig sein soll.

§. 38.

Exponentialfunktionen.

Aus 3) des 13 §. folgt

$$1)\ \int\frac{d\log.y}{dy}=\int\frac{1}{y}=\int y^{-1}=\log.y.$$

Aus dem 1. Zus. des 13. §. folgt

$$2)\ \int\frac{de^x}{dx}=\int e^x=e^x.$$

Aus dem 2. Zus. des 13. §. folgt

$$3)\ \int\frac{d.a^x}{dx}=\int a^x\log.a=a^x.$$

1. Zusatz. Wenn man die zweite Integrationsregel auf $\int\frac{1}{y}$ anwendet, so erhält man $\int y^{-1}=y^0=\log.y$. Hieraus folgt:

„Wenn man, durch Anwendung der zweiten Integrations-„regel, 0 zum Exponenten erhält, so hat man durch die-„sen Exponenten nicht zu dividiren, sondern statt der „Null-Potenz den Logarithmus der zugehörigen Basis „zu schreiben.

Beispiele.

1) Es ist $\int \frac{2x^4}{a+bx^5} = \int 2x^4 (a+bx^5)^{-1}$

$$= \frac{2x^4 (a+bx^5)^0}{5bx^4} = \frac{2}{5b} \log. (a+bx^5),$$

wo durch den Exponenten 0 deshalb nicht zu dividiren ist, weil dieses 0 anzeigt, daß die Potenz $(a+bx^5)^0$ der konstanten Größe 1 gleich ist, folglich in ihr keine Veränderliche vorkommt und folglich auch kein Exponent derselben vorhanden ist, durch welchen zu dividiren wäre.

2) $\int \frac{1}{a+x} = \int (a+x)^{-1} = (a+x)^0 = \log. (a+x),$

3) $\int \frac{b}{a+bx} = \int b(a+bx)^{-1} = \frac{b(a+bx)^0}{b} = \log. (a+bx),$

4) $\int \frac{1}{a+bx} = \int (a+bx)^{-1} = \frac{(a+bx)^0}{b} = \frac{1}{b} \log. (a-bx),$

5) $\int \frac{1}{a-bx} = \int (a-bx)^{-1} = \frac{(a-bx)^0}{-b}$

$$= -\frac{1}{b} \log. (a-bx),$$

6) $\int \frac{1}{a+bx^2} = \int x(a+bx^2)^{-1} = \frac{x(a+bx^2)^0}{2bx}$

$$= \frac{1}{2b} \log. (a+bx^2),$$

7) $\int \frac{Ax}{x^2+a^2} = \int Ax(x^2+a^2)^{-1} = \frac{Ax(x^2+a^2)^0}{2x}$

$$= \frac{A}{2} \log. (x^2+a^2).$$

2. Zusatz. Nach der zweiten Integrationsregel ist

$$\int \frac{1}{1+x} = (1+x)^0 = \log. (1+x);$$

aber nach der ersten Integrationsregel ist

$$\int \frac{1}{1+x} = \frac{(1+x)^{-1}x}{\mathfrak{E}},$$

folglich ist

$$1) \int \frac{1}{1+x} = \log.(1+x) = \frac{x}{(1+x)\mathfrak{E}}$$

$$= x - \frac{x^2}{2} + \frac{x^3}{3} - \frac{x^4}{4} + \ldots.$$

Da nach dem 2. Zus. des 13. §.

$$a^x = 1 + (\log. a)x + \frac{(\log. a)^2 x^2}{1.2} + \frac{(\log. a)^3 x^3}{1.2.3} + \ldots \text{ ist},$$

so ist, wenn P eine algebraische Funktion von x ist,

$$2) \int P.a^x = \frac{a^x Px}{\mathfrak{E}}$$

$$= \int P + \log. a \int Px + \frac{(\log. a)^2}{1.2} \int Px^2 + \ldots.$$

$$\text{oder} = \left(\int P = \right) \frac{Px}{\mathfrak{E}} + \frac{(\log. a) Px^2}{\mathfrak{E}} + \frac{(\log. a^2) Px^3}{1.2.\mathfrak{E}} + \ldots.$$

Setzt man z. B. $P = x^m$, so erhält man nach 2)

$$3) \int x^m a^x = \frac{x^{m+1}}{m+1} + \frac{(\log. a)x^{m+2}}{m+2} + \frac{(\log. a)^2 x^{m+3}}{1.2(m+3)} + \ldots.$$

Setzt man $P = \frac{1}{x}$, so erhält man nach 2)

$$4) \int \frac{a^x}{x} = \left(\int \frac{1}{x} = \right) \log. x + (\log. a)x + \frac{(\log. a)^2 x^2}{1.2.2}$$

$$+ \frac{(\log. a)^3 . x^3}{1.2.3.3} + \ldots.$$

Setzt man $a^x = z$, woraus $x = \frac{\log. z}{\log. a}$, $\frac{dx}{dz} = \frac{1}{z \log. a}$ und $\log. x = \log.(\log. z) - \log.(\log. a)$ sich ergibt, folglich

$$\int \frac{a^x}{x} = \int \frac{z.1.\log. a}{z.\log. a.\log. z} = \int \frac{1}{\log. z} = \log.(\log. z) + \log. z$$

$$+ \tfrac{1}{2}.\frac{(\log. z)^2}{1.2} + \tfrac{1}{3}.\frac{(\log. z)^3}{1.2.3} + \ldots,$$

oder, wenn man statt z wieder x setzt,

$$5)\int\frac{1}{\log.x}=\log.(\log.x)+\log.x+\tfrac{1}{2}.\frac{(\log.x)^2}{1.2}+\tfrac{1}{3}.\frac{(\log.z)^3}{1.2.3}+\ldots.$$

Um das Integral von $\frac{x^m}{\log.x}$ zu finden, setze man $x^{m+1}=z$, so wird $x=z^{\frac{1}{m+1}}$, $\frac{dx}{dz}=\frac{1}{(m+1)z^m}$, $x^m=z^{\frac{m}{m+1}}$ und $\log.x=\frac{\log.z}{m+1}$, folglich $\int\frac{x^m}{\log.x}=\int\frac{z^{\frac{m}{m+1}}.1.(m+1)}{(m+1)z^{\frac{m}{m+1}}\log.z}$ $=\int\frac{1}{\log.z}$ [nach 2)] $=\log.(\log.z)+\log.z+\tfrac{1}{2}.\frac{(\log.z)^2}{1.2}+\tfrac{1}{3}.\frac{(\log.z)^3}{1.2.3}+\ldots..$ oder, wenn statt z wieder sein Werth x^{m+1} gesetzt wird,

$$\int\frac{x^m}{\log.x}=\log.(\log.x^{m+1})+\log.x^{m+1}+\tfrac{1}{2}.\frac{(\log.x^{m+1})^2}{1.2}+\tfrac{1}{3}.\frac{(\log.x^{m+1})^3}{1.2.3}+\ldots.$$

$$=\log.((m+1)\log.x)+(m+1)\log.x+\tfrac{1}{2}.\frac{(m+1)^2(\log.x)^2}{1.2}+\tfrac{1}{3}.\frac{(m+1)^3(\log.x)^3}{1.2.3}+\ldots.$$

oder, wenn man log. (m+1) zur weggelassenen Konstante schlägt,

$$6)\int\frac{x^m}{\log.x}=\log.(\log.x)+(m+1)\log.x+\tfrac{1}{2}.\frac{(m+1)^2(\log.x)^2}{1.2}+\tfrac{1}{3}.\frac{(m+1)^3(\log.x)^3}{1.2.3}+\ldots.$$

Setzt man $m=-1$, so erhält man

$$7)\int\frac{1}{x\log.x}=\log.(\log.x).$$

Um $\int\frac{(\log.x)^n}{x}$ zu bestimmen, setze man $\log.x=z$, so ist $d.\log.x = \frac{dx}{x} = dz$, also $\frac{dx}{dz} = x$,

folglich $\int \frac{(\log.x)^n}{x} = \int \frac{z^n.x}{x} = \int z^n = \frac{z^{n+1}}{n+1}$,

folglich

$$8)\ \int \frac{(\log.x)^n}{x} = \frac{(\log.x)^{n+1}}{n+1}.$$

§. 39.

Kreisfunktionen.

Aus den in §. 19 gefundenen Differenzialen folgt durch Anwendung der ersten Integrationsregel

$$1)\ \int \frac{d.\text{arc.sin.}x}{dx} = \int \frac{1}{(1-x^2)^{\frac{1}{2}}} = \text{arc.sin.}x = \frac{x}{(1-x^2)^{\frac{1}{2}}\mathfrak{E}}$$

$$2)\ \int \frac{d.\text{arc.cos.}x}{dx} = \int \frac{-1}{(1-x^2)^{\frac{1}{2}}} = \text{arc.cos.}x = \frac{x}{(1-x^2)^{\frac{1}{2}}\mathfrak{E}}$$

$$3)\ \int \frac{d.\text{arc.tang.}x}{dx} = \int \frac{1}{1+x^2} = \text{arc.tang.}x = \frac{x}{(1+x^2)\mathfrak{E}}$$

$$4)\ \int \frac{d.\text{arc.cotg.}x}{dx} = \int \frac{-1}{1+x^2} = \text{arc.cotg.}x = \frac{-x}{(1+x^2)\mathfrak{E}}$$

$$5)\ \int \frac{d.\text{arc.sec.}x}{dx} = \int \frac{1}{x(x^2-1)^{\frac{1}{2}}} = \text{arc.sec.}x = \frac{1}{(x^2-1)^{\frac{1}{2}}\mathfrak{E}}$$

$$6)\ \int \frac{d.\text{arc.cosec.}x}{dx} = \int \frac{-1}{x(x^2-1)^{\frac{1}{2}}} = \text{arc.cosec.}x = \frac{-1}{(x^2-1)^{\frac{1}{2}}\mathfrak{E}}$$

$$7) \int \frac{d.\,arc.\,sinv.\,x}{dx} = \int \frac{1}{(2x - x^2)^{\frac{1}{2}}} = arc.\,sinv.\,x$$
$$= \frac{x}{(2x - x^2)^{\frac{1}{2}} \mathfrak{C}}$$

$$8) \int \frac{d.\,arc.\,cosinv.\,x}{dx} = \int \frac{-1}{(2x - x^2)^{\frac{1}{2}}} = arc.\,cosinv.\,x$$
$$= \frac{-x}{(2x - x^2)^{\frac{1}{2}} \mathfrak{C}}.$$

1. Zusatz. Aus Vergleichung der Formeln des §. folgt

1) $arc.\,cos.\,x = -\,arc.\,sin.\,x$
2) $arc.\,cotang.\,x = -\,arc.\,tang.\,x$
3) $arc.\,cosec.\,x = -\,arc.\,sec.\,x$
4) $arc.\,cosinv.\,x = -\,arc.\,sinv.\,x.$

2. Zusatz. Entwickelt man $\frac{x}{(1-x^2)^{\frac{1}{2}} \mathfrak{C}} = \frac{x(1-x^2)^{-\frac{1}{2}}}{\mathfrak{C}}$ etc. nach dem binomischen Lehrsatze, so erhält man

$$1)\ arc.\,sin.\,x = x + \frac{1.x^3}{2.3} + \frac{1.3.x^5}{2.4.5} + \frac{1.3.5.x^7}{2.4.6.7} + \ldots$$

Da $arc.\,cos.\,x = \frac{\pi}{2} - arc.\,sin.\,x$ ist, so ist

$$2)\ arc.\,cos.\,x = \frac{\pi}{2} - x - \frac{1.x^3}{2.3} - \frac{1.3.x^5}{2.4.5} - \frac{1.3.5.x^7}{2.4.6.7} - \ldots$$

Wenn man $\frac{x}{1+x^2}$ durch Division entwickelt, so ist

$$3)\ arc.\,tang.\,x = x - \frac{x^3}{3} + \frac{x^5}{5} + \frac{x^7}{7} + \ldots$$

Eben so lassen sich die Bogen der übrigen trigonometrischen Linien auf eine sehr bequeme und leichte Weise nach den gefundenen Formeln durch Reihen ausdrücken.

3. Zusatz. Bezeichnet man den Bogen, dessen Sinus oder Cosinus oder Tangente etc. gleich x ist, mit z, so ist $x = sin.\,z$, oder $= cos.\,z$, oder $= tang.\,z$ etc., folglich

$$1)\ z = sin.\,z + \frac{sin.^3 z}{2.3} + \frac{1.3.sin.^5 z}{2.4.5} + \frac{1.3.5.sin.^7 z}{2.4.6.7} + \ldots,$$

$$2)\ z = tang.\,z - \frac{tang.^3 z}{3} + \frac{tang.^5 z}{5} - \frac{tang.^7 z}{7} + \ldots$$

So wie hier der Bogen z durch den Sinus und die Tangente desselben ausgedrückt ist, so kann er auch nach dem Vorhergehenden leicht durch die übrigen trigonometrischen Linien ausgedrückt werden.

§. 10.

Trigonometrische Linien.

Aus den im 18. §. entwickelten Formeln erhält man

$$1)\int\frac{d.\sin.\varphi}{d\varphi}=\int\cos.\varphi=\sin.\varphi$$

$$2)\int\frac{d.\cos.\varphi}{d\varphi}=-\int\sin.\varphi=\cos.\varphi \text{ oder} \int\sin.\varphi=-\cos.\varphi$$

$$3)\int\frac{d.\text{tang}.\varphi}{d\varphi}=\int\frac{1}{\cos.^2\varphi}=\text{tang}.\varphi$$

$$4)\int\frac{d.\text{cotg}.\varphi}{d\varphi}=\int\frac{-1}{\sin.^2\varphi}=\text{cotg}.\varphi \text{ oder}$$

$$\int\frac{1}{\sin.^2\varphi}=-\text{cotg}.\varphi$$

$$5)\int\frac{d.\sec.\varphi}{d\varphi}=\int\frac{\sin.\varphi}{\cos.^2\varphi}=\sec.\varphi$$

$$6)\int\frac{d.\text{cosec}.\varphi}{d\varphi}=\int\frac{-\cos.\varphi}{\sin.^2\varphi}=\text{cosec}.\varphi \text{ oder}$$

$$\int\frac{\cos.\varphi}{\sin.^2\varphi}=-\text{cosec}.\varphi$$

$$7)\int\frac{d.\text{sinv}.\varphi}{d\varphi}=\int\sin.\varphi=\text{sinv}.\varphi$$

$$8)\int\frac{d.\text{cosinv}.\varphi}{d\varphi}=\int-\cos.\varphi=\text{cosinv}.\varphi \text{ oder}$$

$$\int\cos.\varphi=-\text{cosinv}.\varphi.$$

1. Zusatz. Setzt man nx statt φ, so ist $\frac{d\varphi}{dx}=n$, folglich nach §. 37 $\int\cos.\varphi=n\int\cos.nx=\sin.nx$, daher

$$9)\int\cos.nx=\frac{\sin.nx}{n}.$$

Auf ähnliche Weise findet sich

$$10)\int \sin. nx = -\frac{\cos. nx}{n}, \quad 11)\int \frac{1}{\cos.^2 nx} = \frac{\tang. nx}{n},$$

$$12)\int \frac{1}{\sin.^2 nx} = -\frac{\cotg. nx}{n}.$$

2. Zusatz. Aus der Goniometrie ist bekannt

$$2\sin.\alpha\cos.\beta = \sin.(\alpha+\beta)+\sin.(\alpha-\beta),$$
$$2\cos.\alpha\cos.\beta = \cos.(\alpha+\beta)+\cos.(\alpha-\beta),$$
$$2\sin.\alpha\sin.\beta = \cos.(\alpha-\beta)-\cos.(\alpha+\beta).$$

Setzt man $\alpha = mx$ und $\beta = nx$, so erhält man

$$\sin. mx\cos. nx = \tfrac{1}{2}\sin.(m+n)x+\tfrac{1}{2}\sin.(m-n)x,$$
$$\cos. mx\cos. nx = \tfrac{1}{2}\cos.(m+n)x+\tfrac{1}{2}\cos.(m-n)x \text{ und}$$
$$\sin. mx\sin. nx = \tfrac{1}{2}\cos.(m-n)x-\tfrac{1}{2}\cos.(m+n)x,$$

folglich ist nach den Formeln des 1. Zus.

$$13)\int \sin. mx\cos. nx = -\frac{\cos.(m+n)x}{2(m+n)}-\frac{\cos.(m-n)x}{2(m-n)}$$

$$14)\int \cos. mx\cos. nx = \frac{\sin.(m+n)x}{2(m+n)}+\frac{\sin.(m-n)x}{2(m-n)}$$

$$15)\int \sin. mx\sin. nx = \frac{\sin.(m-n)x}{2(m-n)}-\frac{\sin.(m+n)x}{2(m+n)}.$$

3. Zusatz. Da sich jede ganze positive Potenz des Sinus und Cosinus durch die Sinus und Cosinus der vielfachen Bogen ausdrücken läßt, indem

für ein gerades n

$$\sin.^n x = \frac{(-1)^{\frac{n}{2}}}{2^n}\Big(\cos. nx - n.\cos.(n-2)x + \frac{n(n-1)}{1.2}\cos.(n-4)x - \ldots\Big),$$

für ein ungerades n

$$\sin.^n x = \frac{(-1)^{\frac{n-1}{2}}}{2^n}\Big(\sin. nx - n.\sin.(n-2)x + \frac{n(n-1)}{1.2}\sin.(n-4)x - \ldots\Big),$$

für ein gerades und ungerades n

$$\cos.^n x = \frac{1}{2^n}\Big(\cos. nx + n . \cos. (n-2) x + \frac{n(n-1)}{1.2}\cos. (n-4) x + \ldots\Big) \text{ ist;}$$

so folgt, daß

$$\int \sin.^n x \text{ und } \int \cos.^n x$$

auf die Integrale des 2. Zus. zurückgeführt werden können.

4. Zusatz. Setzt man in dem Ausdrucke

$$\sin.^m x \cos.^n x$$

für $\sin.^m x$ und $\cos.^n x$ die im 3. Zus. angeführten Werthe, so ist ersichtlich, daß

$$\int \sin.^m x \cos.^n x$$

ebenfalls auf die im 2. Zus. entwickelten Integrale zurückgeführt wird.

5. Zusatz. Da $\cos. x = \frac{d . \sin. x}{dx}$ ist, so ist $\sin. x \cos. x$ $= \frac{\sin. x \, d \sin. x}{d} = \frac{d . \sin.^2 x}{2dx}$, folglich

$$16) \int \sin. x \cos. x = \frac{\sin.^2 x}{2}.$$

Da $\tang. x = \frac{\sin. x}{\cos. x} = -\frac{d . \cos. x}{\cos. x \, dx} = -\frac{d . \log. (\cos. x)}{dx}$ ist, so ist

$$17) \int \tang. x = -\log. (\cos. x) = \log. \frac{1}{\cos. x} = \log. (\sec. x).$$

Aus $\cotg. x = \frac{\cos. x}{\sin. x} = \frac{d . \sin. x}{\sin. x dx} = \frac{d . \log. (\sin. x)}{dx}$ folgt

$$18) \int \cotg. x = \log. (\sin. x) = -\log. \frac{1}{\sin. x} = -\log. (\mathrm{cosec.}\, x).$$

Aus $\frac{1}{\sin. x \cos. x} = \frac{1}{\cos.^2 x} : \frac{\sin. x \cos. x}{\cos.^2 x} = \frac{d . \tang. x}{dx} : \tang. x$ $= \frac{d . \tang. x}{\tang. x \, dx}$ folgt

$$19) \int \frac{1}{\sin. x \cos. x} = \log. (\text{tang}. x)$$

Da $\sin x = 2 \sin \frac{x}{2} \cos. \frac{x}{2}$ ist, so ist $\frac{1}{\sin. x} = \frac{1}{2 \sin. \frac{x}{2} \cos. \frac{x}{2}}$

$$= \frac{d. \text{tang}. \frac{1}{2}x}{2 \text{tang}. \frac{1}{2}x . d(\frac{1}{2}x)} = \frac{d. \text{tang}. \frac{1}{2}x}{\text{tang}. \frac{1}{2}x . dx}, \text{ folglich}$$

$$20) \int \frac{1}{\sin. x} = \log. (\text{tang}. \tfrac{1}{2}x).$$

Aus $\frac{1}{\sin. (90^0 - x)} = \frac{d. \text{tang}. (45^0 - \frac{1}{2}x)}{\text{tang}. \frac{1}{2}x . d(90^0 - x)}$

$$= - \frac{d. \text{tang}. (45^0 - \frac{1}{2}x)}{\text{tang}. \frac{1}{2}x . dx}, \text{ und weil}$$

$\sin. (90^0 - x) = \cos. x$ ist, folgt

$$21) \int \frac{1}{\cos. x} = - \log. (\text{tg}. (45^0 - \tfrac{1}{2}x)) = \log. \frac{1}{\text{tang}. (45^0 - \frac{1}{2}x)}$$

$$= \log. \cot g. (45^0 - \tfrac{1}{2}x) = \log. \text{tang}. (45 + \tfrac{1}{2}x).$$

§. 41.

Integration durch Partialbrüche.

Ist der Differenzial-Koeffizient eine rationale gebrochene Funktion, so erhält man aus ihm die Urfunktion, wenn man die rationale gebrochene Funktion in Partialbrüche zerlegt und diese integrirt. Die Brüche können aber (wie in der Theorie der Gleichungen gezeigt wird) keine andere, als folgende Formen haben

$$\frac{A}{x + a}, \quad \frac{A}{(x + a)^n}, \quad \frac{Ax + B}{x^2 + a^2} \text{ und } \frac{Ax + B}{(x^2 + a^2)^n}.$$

Folglich kommt es bei der Integrirung der rationalen gebrochenen Funktionen nur auf die Integration der vier genannten Brüche an.

Erstens. Der Nenner enthält lauter reelle ungleiche Faktoren, also von der Form $\frac{A}{x + a}$.

Es ist $\int \frac{A}{x + a} = A \log. (x + a)$ nach §. 38. 1. Zusatz 2. Beispiel.

1. Beispiel.

Um das Integral von $\frac{1}{1-x^2}$ zu finden, setze man, da $1-x^2=(1+x)(1-x)$ ist, $\frac{1}{1-x^2}=\frac{A}{1+x}+\frac{B}{1-x}$, und bestimme A und B nach der Methode der unbestimmten Koeffizienten. Nach dieser findet man $A=\frac{1}{2}$ und $B=\frac{1}{2}$, folglich ist $\int\frac{1}{1-x^2}=\frac{1}{2}\int\frac{1}{1+x}+\frac{1}{2}\int\frac{1}{1-x}$

$$=\tfrac{1}{2}\log.(1+x)-\tfrac{1}{2}\log.(1-x)=\tfrac{1}{2}\log.\left(\frac{1+x}{1-x}\right).$$

2. Beispiel.

Um das Integral von $\frac{1}{a-bx^2}$ zu finden, dividire man zunächst den Zähler und Nenner durch a und setze dann $\frac{bx^2}{a}=z^2$, wodurch $\frac{dx}{dz}=\sqrt{\frac{a}{b}}$ wird. Auf diese Weise erhält man

$$\int\frac{1}{a-bx^2}=\frac{1}{a}\int\frac{1}{1-\frac{b}{a}x^2}=\int\frac{\sqrt{\frac{a}{b}}}{1-z^2}=\frac{1}{\sqrt{ab}}\int\frac{1}{1-z^2}$$

$$=\frac{1}{2\sqrt{ab}}\log.\left(\frac{1+z}{1-z}\right),$$

folglich, wenn für z sein Werth $x\sqrt{\frac{b}{a}}$ gesetzt wird,

$$\int\frac{1}{a-bx^2}=\frac{1}{2\sqrt{ab}}\log.\left(\frac{\sqrt{a}+x\sqrt{b}}{\sqrt{a}-x\sqrt{b}}\right).$$

Zweitens. Der Nenner enthält lauter reelle zum Theil gleiche Faktoren, also von der Form $\frac{A}{(x+a)^n}$.

Nach der zweiten Integrationsregel ist

$$\int\frac{A}{(x+a)^n}=A\int(x+a)^{-n}=\frac{A(x+a)^{-n+1}}{-n+1}$$

$$=\frac{-A}{(n-1)(x+a)^{n-1}}.$$

Drittens. Der Nenner enthält einfache imaginäre, also reelle quadratische Faktoren. $\frac{Ax+B}{x^2+a^2}$.

Es ist $\int \frac{Ax+B}{x^2+a^2} = \int \frac{Ax}{x^2+a^2} + \int \frac{B}{x^2+a^2}$ zu setzen. Nun ist nach 38. §. 1. Zus. 7. Beisp. $\int \frac{Ax}{x^2+a^2} = \frac{A}{2} \log.(x^2+a^2)$ und $\int \frac{B}{x^2+a^2} = \frac{B}{a^2} \int \frac{1}{1+\frac{x^2}{a^2}} = \left(\text{weil } \frac{dx}{dz} = a \text{ ist}\right) \frac{B}{a} \int \frac{1}{1+z^2}$

$$= \frac{B}{a} \text{ arc. tang. } z,$$

folglich, da z den Werth $\frac{x}{a}$ hat,

$$\int \frac{B}{x^2+a^2} = \frac{B}{a} \text{ arc. tang. } \frac{x}{a}.$$

Demnach ist

$$\int \frac{Ax+B}{x^2+a^2} = \frac{A}{2} \log. (x^2+a^2) + \frac{B}{a} \text{ arc. tang. } \frac{x}{a}.$$

1. Zusatz. Die quadratischen Faktoren, welche aus einfachen imaginären Faktoren entstehen, können auch durch die Form $(x-p)^2+q^2$ dargestellt werden. Nimmt man diese Form an, so hat man $\frac{Ax+B}{(x-p)^2+q^2}$ zu integriren. Wird nun $x-p=z$, folglich $x=z+p$ gesetzt, so ist

$$\int \frac{Ax+B}{(x-p)^2+q^2} = \int \frac{Az}{z^2+q^2} + \int \frac{pA+B}{z^2+q^2}$$

$$= \frac{A}{2} \log.(z^2+q^2) + \frac{pA+B}{q} \text{ arc. tang. } \frac{z}{q},$$

folglich ist

$$\int \frac{Ax+p}{(x-p)^2+q^2} = \frac{A}{2} \log.[(x-p)^2+q^2] + \frac{pA+B}{q} \text{ arc. tang.} \left(\frac{x-p}{q}\right).$$

Auch kann für arc. tang. $\frac{z}{q}$ noch gesetzt werden arc. sin. $\frac{z}{\sqrt{(z^2+q^2)}}$ oder arc. cos. $\frac{q}{\sqrt{(z^2+q^2)}}$. Aus dieser Formel erhält man

$$\int \frac{Ax+B}{(x-p)^2+q^2}$$

unmittelbar durch bloße Substitution, wo der Nenner auch $= x^2 - 2px + (p^2 + q^2)$ ist.

3. Beispiel.

Bestimmt man das Integral von $\frac{1-3x}{5-4x+x^2} = \frac{1-3x}{1+(x-2)^2}$ nach Drittens, so erhält man

$$\int \frac{1-3x}{1+(x-2)^2} = (\text{für } x-2=z) \int \frac{1-3(z+2)}{1+z^2}$$

$$= -3\int \frac{1}{1+z^2} - 5\int \frac{1}{1+z^2} = -\tfrac{3}{2}\log.(1+z^2)$$

-5 arc. tang. z, oder für z sein Werth $x-2$ gesetzt,

$$\int \frac{1-3x}{1+(x-2)^2} = -\tfrac{3}{2}\log.(1+(x-2)^2) - 5\,\text{arc. tg.}(x-2).$$

Bestimmt man dasselbe Integral nach dem 1. Zus., so ist $B = 1$, $A = -3$, $p = 2$ und $q = 1$, folglich durch Substitution

$$\int \frac{1-3x}{1+(x-2)^2} = -\tfrac{3}{2}\log.((x-2)^2+1) - 5\,\text{arc. tg.}(x-2),$$

wie vorhin.

4. Beispiel.

Da $\frac{1}{x^3-a^3} = \frac{1}{3a^2(x-a)} - \frac{2a+x}{3a^2(x^2+ax+a^2)}$ ist, so erhält man

$$\int \frac{1}{x^3-a^3} = \frac{1}{3a^2}\int \frac{1}{x-a} - \frac{1}{3a^2}\int \frac{2a+x}{x^2+ax+a^2}$$

$$= \frac{1}{3a^2}\left[\log.(x-a) - \log.(x^2+ax+a^2)^{\frac{1}{2}} - \sqrt{3}\,\text{arc. tg.}\left(\frac{a+2x}{a\sqrt{3}}\right)\right]$$

$$= \frac{1}{3a^2}\left[\log.\frac{x-a}{\sqrt{(x^2+ax+a^2)}} - \sqrt{3}\,\text{arc. tang.}\left(\frac{a+2x}{a\sqrt{3}}\right)\right].$$

2. Zusatz. Auf ganz ähnliche Weise findet man alle Integrale von der Form $\frac{1}{x^n \mp a^n}$ oder auch $\frac{x^m}{x^n \pm a^n}$, wenn m und n ganze positive Zahlen sind.

Viertens. Der Nenner enthält gleiche quadratische Faktoren.

$$\frac{Ax+B}{(x^2+a^2)^n} = \frac{Ax}{(x^2+a^2)^n} + \frac{B}{(x^2+a^2)^n}.$$

Es ist $\int \frac{Ax}{(x^2+a^2)^n} = \frac{-A}{2(n-1)(x^2+a^2)^{n-1}}$ und

$$\int \frac{B}{(x^2+a^2)} = B\int \frac{1}{(x^2+a^2)^n} = B\int (x^2+a^2)^{-n}.x^0.$$

Aus $\frac{d.uv}{dx} = uv' + vu'$ folgt $\int \frac{d.uv}{dx} = uv = \int uv' + \int vu'$ und hieraus $\int uv' = uv - \int vu'$.

Man setze nun $\int (x^2+a^2)^{-n}.x^0 = \int uv'$, und zwar $u = (x^2+a^2)^{-n}$ und $v' = x^0$, so wird $u' = -2nx(x^2+a^2)^{-n-1}$ und $v = x$.

Duch Substitution dieser Werthe in $\int uv' = uv - \int vu'$ erhält man

$$\int \frac{1}{(x^2+a^2)^n} = \frac{x}{(x^2+a^2)^n} + 2n\int \frac{x^2}{(x^2+a^2)^{n+1}},$$

oder, da $x^2 = (x^2+a^2) - a^2$ ist,

$$\int \frac{1}{(x^2+a^2)^n} = \frac{x}{(x^2+a^2)^n} + 2n\int \frac{1}{(x^2+a^2)^n}$$

$$- 2na^2\int \frac{1}{(x^2+a^2)^{n+1}}, \text{ folglich}$$

$$(1-2n)\int \frac{1}{(x^2+a^2)^n} = \frac{x}{(x^2+a^2)^n} - 2na^2\int \frac{1}{(x^2+a^2)^{n+1}}$$

oder

$$\int \frac{1}{(x^2+a^2)^{n+1}} = \frac{x}{2na^2(x^2+a^2)^n} - \frac{(1-2n)}{2na^2}\int \frac{1}{(x^2+a^2)^n}$$

oder, statt n gesetzt $n-1$,

$$\int \frac{1}{(x^2+a^2)^n} = \frac{x}{2(n-1)a^2(x^2+a^2)^{n-1}}$$

$$+ \frac{2n-3}{2(n-1)a^2}\int \frac{1}{(x^2+a^2)^{n-1}},$$

folglich $B\int\frac{1}{(x^2+a^2)^n}=\frac{Bx}{2(n-1)a^2(x^2+a^2)^{n-1}}$

$$+\frac{B(2n-3)}{2(n-1)a^2}\int\frac{1}{(x^2+a^2)^{n-1}}.$$

Durch diese Formel verringert sich der Exponent des Nenners um eine Einheit, und durch wiederholte Anwendung derselben wird das Integral zuletzt zurückgeführt auf

$$\int\frac{1}{x^2+a^2}=\frac{1}{a}\,\text{arc. tang.}\,\frac{x}{a},$$ siehe **Drittens**.

5. Beispiel.

$$\int\frac{-x-1}{2(x^2+1)^2}=-\tfrac{1}{2}\int\frac{x}{(x^2+1)^2}-\tfrac{1}{2}\int\frac{1}{(x^2+1)^2}.$$

Entwickelt man nach den gefundenen Formeln, so ist

$$A=-\tfrac{1}{2},\ B=-\tfrac{1}{2},\ a^2=1 \text{ und } n=2,$$

folglich

$$\int\frac{-x-1}{2(x^2+1)^2}=\frac{\frac{1}{2}}{2(x^2+1)}+\frac{-\frac{1}{2}x}{2(x^2+1)}+\frac{-\frac{1}{2}(4-3)}{2}\int\frac{1}{x^2+1}$$

$$=\frac{1-x}{4(x^2+1)}-\tfrac{1}{4}\,\text{arc. tang.}\,x$$

§. 42.

Besondere oft vorkommende Formen von Differenzial-Koeffizienten mit rationalen Nennern, deren Integrale durch Substitution gefunden werden.

Da $\int\frac{1}{a+bx^2}=\frac{1}{a}\int\frac{1}{1+\frac{b}{a}x^2}=\left(\text{für } \frac{b}{a}x^2=z^2\right)$

$$\frac{1}{a}\int\frac{\sqrt{\frac{a}{b}}}{1+z^2}=\frac{1}{\sqrt{ab}}\int\frac{1}{1+z^2}=\frac{1}{\sqrt{ab}}\,\text{arc. tang.}\,z \text{ ist},$$

so ist, wenn man für z wieder seinen Werth $x\sqrt{\frac{b}{a}}$ setzt,

$$1)\ \int\frac{1}{a+bx^2}=\frac{1}{\sqrt{ab}}\,\text{arc. tang.}\,x\sqrt{\frac{b}{a}}.$$

Da $\int \frac{1}{a - bx^2} = \frac{1}{a} \int \frac{\sqrt{\frac{a}{b}}}{1 - z^2} = \frac{1}{\sqrt{ab}} \int \frac{1}{1 - z^2}$

$$= \frac{1}{2\sqrt{ab}} \log.\left(\frac{1+z}{1-z}\right) \text{ ist, so ist}$$

$$2) \int \frac{1}{a - bx^2} = \frac{1}{2\sqrt{ab}} \log. \frac{\sqrt{a} + x\sqrt{b}}{\sqrt{a} - x\sqrt{b}}.$$

Setzt man im ersten Beispiele $c + z$ statt x, so ist $\frac{dx}{dz} = 1$,

folglich $\int \frac{1}{a+bx^2} = \frac{1}{a+b(c+z)^2} = \frac{1}{a+bc^2+2bcz+bz^2}$

$$= \frac{1}{\sqrt{ab}} \text{arc. tang.}\left((c+z)\sqrt{\frac{b}{a}}\right).$$

Setzt man nun $a+bc^2 = \alpha$, $2bc = \beta$, $b = \gamma$, wodurch $c = \frac{\beta}{2\gamma}$, $a = \frac{4\alpha\gamma - \beta^2}{4\gamma}$, $ab = \frac{4\alpha\gamma - \beta^2}{4}$ und $\frac{b}{a} = \frac{4\gamma^2}{4\alpha\gamma - \beta^2}$ wird, so wird durch Substitution, und wenn man statt z zugleich x setzt,

$$3) \int \frac{1}{\alpha+\beta x+\gamma x^2} = \frac{2}{\sqrt{(4\alpha\gamma - \beta^2)}} \text{arc. tang.} \frac{\beta+2\gamma x}{\sqrt{(4\alpha\gamma - \beta^2)}}.$$

Setzt man im zweiten Beispiele $c+z$ statt x, so ist

$$\int \frac{1}{a - bx^2} = \int \frac{1}{a - b(c+z)^2} = \frac{1}{a - bc^2 - 2bcz - bz^2}.$$

Setzt man nun $a - bc^2 = \alpha$, $-2bc = \beta$, $-b = \gamma$, wodurch $b = -\gamma$, $c = \frac{\beta}{2\gamma}$, $a = \frac{4\alpha\gamma - \beta^2}{4\gamma}$ und $ab = \frac{1}{4}(\beta^2 - 4\alpha\gamma)$ wird, so wird durch Substitution, und wenn man statt z zugleich x setzt,

$$\int \frac{1}{\alpha + \beta x + \gamma x^2}$$

$$= \frac{1}{\sqrt{(\beta^2 - 4\alpha\gamma)}} \log. \frac{\sqrt{\frac{4\alpha\gamma - \beta^2}{4\gamma}} + \left(\frac{\beta}{2\gamma} + x\right)\sqrt{-\gamma}}{\sqrt{\frac{4\alpha\gamma - \beta^2}{4\gamma}} - \left(\frac{\beta}{2\gamma} + x\right)\sqrt{-\gamma}}.$$

Wenn man reduzirt und zugleich mit $\sqrt{-1}$ Zähler und Nenner multiplizirt, so ist

$$4)\int\frac{1}{\alpha+\beta x+\gamma x_2}=\frac{1}{\sqrt{(\beta^2-4\alpha\gamma)}}\log.\frac{\sqrt{(\beta^2-4\alpha\gamma)}-(\beta+2\gamma x)}{\sqrt{(\beta^2-4\alpha\gamma)}+(\beta+2\gamma x)}.$$

Für $4\alpha\gamma=\beta^2$ erhält man $\alpha+\beta x+\gamma x^2=\alpha+2\sqrt{\alpha\gamma}.x+\gamma x^2 = (\sqrt{\alpha}+x\sqrt{\gamma})^2$, folglich

$$5)\int\frac{1}{\alpha+\beta x+\gamma x^2}=\int\frac{1}{(\sqrt{\alpha}+x\sqrt{\gamma})^2}=\frac{1}{\sqrt{\gamma}(\sqrt{\alpha}+x\sqrt{\gamma})}.$$

1. Anmerkung. In der Formel 4) kann der Wurzelfaktor $\sqrt{(\beta^2-4\alpha\gamma)}$ positiv und negativ genommen werden. Im letztern Falle kann dieselbe leicht wieder auf die Form von 3) gebracht werden, wenn man nur beachtet, daß z. B. $M\log.\frac{1}{N}=-M\log.N$ ist.

2. Anmerkung. Um $\int\frac{1}{\alpha+\beta x+\gamma x^2}$ in einer reellen Form zu erhalten, so hat man sich
für $4\alpha\gamma>\beta^2$ des Ausdrucks in 3),
für $4\alpha\gamma<\beta^2$ des Ausdrucks in 4) und
für $4\alpha\gamma=\beta^2$ des Ausdrucks in 5) zu bedienen.

1. Zusatz. Um einen Ausdruck für $\int\frac{1}{\alpha+\beta x+\gamma x^2}$ zu finden, setze man $\alpha+\beta x+\gamma x^2=X$, so ist $\frac{d.\log.X}{dx}=\frac{\beta+2\gamma x}{X}$, woraus folgt $\frac{x}{X}=\frac{d.\log.X}{2\gamma.dx}-\frac{\beta.1}{2\gamma.X}$, also

$$\int\frac{x}{X}=\frac{1}{2\gamma}\int\frac{d.\log.X}{dx}-\frac{\beta}{2\gamma}\int\frac{1}{X}\text{ oder}$$

$$6)\int\frac{x}{\alpha+\beta x+\gamma x^2}=\frac{1}{2\gamma}\log.(\alpha+\beta x+\gamma x^2)-\frac{\beta}{2\gamma}\int\frac{1}{\alpha+\beta x+\gamma x^2},$$

wo $\int\frac{1}{\alpha+\beta x+\gamma x^2}$ nach 3), 4) oder 5) gefunden werden kann.

2. Zusatz. Nach den in 3), 4), 5) und 6) gefundenen Formeln kann nun auch

$$7)\int\frac{Ax+B}{\alpha+\beta x+\gamma x^2}=B\int\frac{1}{\alpha+\beta x+\gamma x^2}+A\int\frac{x}{\alpha+\beta x+\beta x^2}$$

gefunden werden.

§. 43.

Oft vorkommende Formen mit irrationalen Nennern.

Um das Integral von $\frac{1}{\sqrt{(1+x^2)}}$ zu finden, setze man $\sqrt{(1+x^2)} = z - x$, so ist $1+x^2 = z^2 - 2zx + x^2$, also $x = \frac{z^2-1}{2z}$, $\frac{dx}{dz} = \frac{z^2+1}{2z^2}$ und $z - x = \frac{z^2+1}{2z}$, folglich $\int \frac{1}{\sqrt{(1+x^2)}} =$

$$\int \frac{\frac{z^2+1}{2z^2}}{\frac{z^2+1}{2z}} = \int \frac{1}{z} = \log. z, \text{ und da } z = x + \sqrt{(1+x^2)} \text{ ist,}$$

daher

$$1)\ \int \frac{1}{\sqrt{(1+x^2)}} = \log.(x + (1+x^2)^{\frac{1}{2}}).$$

Nach dieser Formel 1) ist es nun auch leicht, das Integral von $\int \frac{1}{\sqrt{(a+bx^2)}}$ zu finden. Denn es ist

$$\int \frac{1}{\sqrt{(a+bx^2)}} = \frac{1}{\sqrt{a}} \int \frac{1}{\sqrt{\left(1+\frac{b}{a}x^2\right)}} = \frac{\sqrt{\frac{a}{b}}}{\sqrt{a}} \int \frac{1}{(1+z^2)^{\frac{1}{2}}}$$

$$= \frac{1}{\sqrt{b}} \log.(z + (1+z^2)^{\frac{1}{2}}),$$

und daher, weil $z = x\sqrt{\frac{b}{a}}$ ist,

$$2)\ \int \frac{1}{\sqrt{(a+bx^2)}} = \frac{1}{\sqrt{b}} \log. \left(\frac{x\sqrt{b} + \sqrt{(a+bx^2)}}{\sqrt{a}}\right) \text{ oder}$$

$$3)\ \int \frac{1}{\sqrt{(a+bx^2)}} = \frac{1}{\sqrt{b}} \log.(x\sqrt{b} + \sqrt{(a+bx^2)}),$$

wenn man den Logarithmus auflöst und $-\frac{1}{\sqrt{b}} \log. \sqrt{a}$ mit zur fortgelassenen Konstante nimmt.

1. Anmerkung. Wird die Konstante von 3) in der Anwendung auf irgend einen bestimmten Fall gesucht, so

findet man sie $= A - \frac{1}{\sqrt{b}} \log. \sqrt{a}$, während in demselben Falle die Konstante von 2) gleich A ist.

Da $\int \frac{1}{\sqrt{(a-bx^2)}} = \frac{1}{\sqrt{a}} \int \frac{1}{\sqrt{\left(1-\frac{b}{a}x^2\right)}}$

$$= \frac{1}{\sqrt{b}} \int \frac{1}{\sqrt{(1+z^2)}} = \frac{1}{\sqrt{b}} \text{arc. sin. } z \text{ ist,}$$

so ist

$$4) \int \frac{1}{\sqrt{(a+bx^2)}} = \frac{1}{\sqrt{b}} \text{arc. sin.} \left(x \sqrt{\frac{b}{a}}\right).$$

Setzt man in 3) $c+z$ statt x, so ist $\frac{dx}{dz} = 1$, folglich

$$\int \frac{1}{\sqrt{(a+bx^2)}} = \int \frac{1}{\sqrt{(a+bc^2+2bcz+bz^2)}}$$
$$= \frac{1}{\sqrt{b}} \log. [(c+z)\sqrt{b} + \sqrt{(a+b(c+z)^2)}].$$

Setzt man nun $a + bc^2 = \alpha$, $2bc = \beta$, $b = \gamma$, wodurch $c = \frac{\beta}{2\gamma}$, $a = \frac{4\alpha\gamma - \beta^2}{4\gamma}$ wird, so wird durch Substitution, und wenn man statt z zugleich x setzt,

$$\int \frac{1}{\sqrt{(\alpha+\beta x+\gamma x^2)}}$$
$$= \frac{1}{\sqrt{\gamma}} \log. \left[\left(\frac{\beta}{2\gamma}+x\right)\sqrt{\gamma} + \sqrt{\left(\frac{4\alpha\gamma-\beta^2}{4\gamma} + \gamma\left(\frac{\beta}{2\gamma}+x\right)^2\right)}\right]$$

oder, wenn man $-\frac{1}{\sqrt{\gamma}} \log. (2\sqrt{\gamma})$ mit zur weggelassenen Konstante nimmt,

$$5) \int \frac{1}{\sqrt{(\alpha+\beta x+\gamma x^2)}} = \frac{1}{\sqrt{\gamma}} \log. [(\beta+2\gamma x) + 2\sqrt{\gamma}\sqrt{(\alpha+\beta x+\gamma x^2)}].$$

Setzt man in 4) $c+z$ statt x und dann $a-bc^2 = \alpha$, $-2bc = \beta$ und $b = \gamma$, und zuletzt wieder x statt z, so erhält man

$$6) \frac{1}{\sqrt{(\alpha+\beta x-\gamma x^2)}} = \frac{1}{\sqrt{\gamma}} \text{arc. sin.} \frac{2\gamma x-\beta}{\sqrt{(4\alpha\gamma+\beta^2)}}.$$

Setzt man in 5) $x = -\frac{1}{z}$, also $\frac{dx}{dz} = \frac{1}{z^2}$, so erhält man

$$\int \frac{1}{z^2 \sqrt{\left(\alpha - \frac{\beta}{z} + \frac{\gamma}{z^2}\right)}} = \frac{1}{\sqrt{\gamma}} \log. \left[\left(\beta + \frac{2\gamma}{2}\right) + 2\sqrt{\gamma}\sqrt{\left(\alpha - \frac{\beta}{z} + \frac{\gamma}{z^2}\right)}\right]$$

oder, wenn man statt z wieder x und statt γ, $-\beta$, α setzt α, β, γ,

$$7) \int \frac{1}{x\sqrt{(\alpha + \beta x + \gamma x^2)}} = \frac{1}{\sqrt{\alpha}} \log. \left[\frac{-(2\alpha + \beta x) + 2\sqrt{\alpha}\sqrt{(\alpha + \beta x + \gamma x^2)}}{x}\right].$$

Setzt man in 6) $x = -\frac{1}{z}$, also $\frac{dx}{dz} = \frac{1}{z^2}$, so erhält man

$$\int \frac{1}{z^2 \sqrt{\left(\alpha - \frac{\beta}{z} - \frac{\gamma}{z^2}\right)}} = \frac{1}{\sqrt{\gamma}} \text{arc. sin.} \left(\frac{\frac{-2\gamma}{z} - \beta}{\sqrt{(4\alpha\gamma + \beta^2)}}\right)$$

oder, wenn man statt z wieder x und statt γ, $-\beta$, α setzt α, β, γ,

$$8) \int \frac{1}{x\sqrt{(-\alpha + \beta x + \gamma x^2)}} = \frac{1}{\sqrt{a}} \text{arc. sin.} \left(\frac{\beta x - 2\alpha}{x\sqrt{(4\alpha\gamma + \beta^2)}}\right).$$

2. Anmerkung. Aus 3) und 4), 5) und 6), 7) und 8) ergibt sich, daß immer je zwei Formeln zusammen gehören, deren eine das gesuchte Integral durch Logarithmen, die andere durch Kreisfunktionen ausdrückt, und von denen die eine immer reell ist, wenn die andere imaginär ausfällt.

1. Zusatz. In 7) und 8) darf nicht $\alpha = 0$ sein, weil beide sonst unendlich sein würden. Um nun $\int \frac{1}{x\sqrt{(\beta x + \gamma x^2)}}$ zu erhalten, setze man in $\int \frac{1}{\sqrt{(\alpha + \beta x)}} = \int (\alpha + \beta x)^{-\frac{1}{2}} = \frac{2}{\beta}\sqrt{(\alpha + \beta x)}$ statt x, $-\frac{1}{z}$, woraus $\frac{dx}{dz} = \frac{1}{z^2}$ folgt. Dann ist

$$\int \frac{1}{z^2 \sqrt{\left(\alpha - \frac{\beta}{z}\right)}} = \frac{2}{\beta}\sqrt{\left(\alpha - \frac{\beta}{z}\right)}$$

oder $\int \frac{1}{z\sqrt{(\alpha z^2 - \beta z)}} = \frac{2}{\beta z}\sqrt{(\alpha z^2 - \beta z)}$ oder, wenn man statt z wieder x und statt α und $-\beta$ setzt γ und β,

$$9)\ \int \frac{1}{x\sqrt{(\beta x + \gamma x^2)}} = -\frac{2}{\beta x}\sqrt{(\beta x + \gamma x^2)}.$$

2. Zusatz. Die Integrale von 7) und 8) können auch auf folgende Weise erhalten werden. Man setze in 4) des vorig. §. z statt x, $-\alpha$ statt α, 0 statt β und 1 statt γ, so erhält man

$$10)\ \int \frac{1}{z^2 - \alpha} = \frac{1}{2\sqrt{\alpha}} \log. \frac{\sqrt{\alpha} - z}{\sqrt{\alpha} + z} \quad \text{oder}$$

$$2\int \frac{1}{z^2 - \alpha} = \frac{1}{\sqrt{\alpha}} \log. \frac{\sqrt{\alpha} - z}{\sqrt{\alpha} + z}.$$

Setzt man nun in $\int \frac{1}{x\sqrt{(\alpha + \beta x + \gamma x^2)}}$ die $\sqrt{(\alpha + \beta x + \gamma x^2)} = x\sqrt{\gamma} + z$, so erhält man $z = \sqrt{(\alpha + \beta x + \gamma x^2)} - x\sqrt{\gamma}$,

$$x = \frac{z^2 - \alpha}{\beta - 2z\sqrt{\gamma}},\quad \frac{dx}{dz} = \frac{2(\beta z - z^2\sqrt{\gamma} - \alpha\sqrt{\gamma})}{(\beta - 2z\sqrt{\gamma})^2},$$

$$\sqrt{(\alpha + \beta x + \gamma x^2)} = z + x\sqrt{\gamma} = \frac{\beta z - z^2\sqrt{\gamma} - \alpha\sqrt{\gamma}}{\beta - 2z\sqrt{\gamma}},$$

und daher $x\sqrt{(\alpha + \beta x + \gamma x^2)} = \frac{(z^2 - \alpha)(\beta z - z^2\sqrt{\gamma} - \alpha\sqrt{\gamma})}{(\beta - 2z\sqrt{\gamma})^2}$, folglich

$$\int \frac{1}{x\sqrt{(\alpha + \beta x + \gamma x^2)}} = 2\int \frac{\beta z - z^2\sqrt{\gamma} - \alpha\sqrt{\gamma}}{(\beta - 2z\sqrt{\gamma})^2} \times \frac{(\beta - 2z\sqrt{\gamma})^2}{(z^2 - \alpha)(\beta z - z^2\sqrt{\gamma} - \alpha\sqrt{\gamma})}$$

$$= 2\int \frac{1}{z^2 - \alpha},\ \text{das ist nach 10)}$$

$$\int \frac{1}{x\sqrt{(\alpha + \beta x + \gamma x^2)}} = \frac{1}{\sqrt{\alpha}} \log. \frac{\sqrt{\alpha} + x\sqrt{\gamma} - \sqrt{(\alpha + \beta x + \gamma x^2)}}{\sqrt{\gamma} - x\sqrt{\gamma} + \sqrt{(\alpha + \beta x + \gamma x^2)}} \quad \text{cfr. 7).}$$

3. Anmerkung. Dieser Ausdruck wird dem in 7) ähnlich, wenn man Zähler und Nenner des Bruches unter dem Logarithmus mit $\sqrt{\alpha} + x\sqrt{\gamma} + \sqrt{(\alpha + \beta x + \gamma x^2)}$ multiplizirt.

4. Anmerkung. Wenn α negativ ist, so erscheint 11) wie 7) unter einer imaginären Gestalt.

Um für 8) einen andern Ausdruck zu finden, setze man in 3) des vorigen §.

z statt x, 1 statt γ und 0 statt β, so erhält man

$$12)\int\frac{1}{z^2+\alpha}=\frac{1}{\sqrt{\alpha}}\text{ arc. tang. }\frac{z}{\sqrt{\alpha}}.$$

Setzt man nun in den bei der Deduktion 10) gefundenen Ausdruck $\int\frac{1}{x\sqrt{(\alpha+\beta x+\gamma x^2)}}=2\int\frac{1}{z^2-\alpha}$, $-\alpha$ statt α, so erhält man

$$\int\frac{1}{x\sqrt{(-\alpha+\beta x+\gamma x^2)}}=2\int\frac{1}{z^2+\alpha}=\frac{2}{\sqrt{\alpha}}\text{ arc. tang. }\frac{z}{\sqrt{\alpha}}.$$

Setzt man hierin für z seinen jetzigen Werth

$$\sqrt{(-\alpha+\beta x+\gamma x^2)}-x\sqrt{\gamma},$$

so erhält man

$$13)\int\frac{1}{x\sqrt{(-\alpha+\beta x+\gamma x^2)}}$$

$$=\frac{2}{\sqrt{\alpha}}\text{ arc. tang. }\frac{\sqrt{(-\alpha+\beta x+\gamma x^2)}-x\sqrt{\gamma}}{\sqrt{\alpha}}\quad\text{cfr. 8)}.$$

5. Anmerkung. Auch aus 11) und 13) ergibt sich wieder, was in der 2. Anmerk. bemerkt wurde.

§. 44.

Fortsetzung.

Ist $X=\alpha+\beta x+\gamma x^2$, so ist

$$\frac{d.(x^{m-1}.X^{\frac{1}{2}})}{dx}=(m-1)x^{m-2}.X^{\frac{1}{2}}+\frac{\frac{1}{2}x^{m-1}(\beta+2\gamma x)}{X^{\frac{1}{2}}}\text{ oder}$$

$$=\frac{(m-1)x^{m-2}(\alpha+\beta x+\gamma x^2)+\frac{1}{2}x^{m-1}(\beta+2\gamma x)}{X^{\frac{1}{2}}}$$

oder

$$=\frac{(m-1)\alpha x^{m-2}+(m-\frac{1}{2})\beta x^{m-1}+m\gamma x}{\sqrt{X}},$$

folglich

$$\frac{x^m}{\sqrt{X}}=\frac{d(x^{m-1}.X^{\frac{1}{2}})}{m\gamma.dx}-\frac{(m-\frac{1}{2})\beta x^{m-1}}{m\gamma\sqrt{X}}-\frac{(m-1)\alpha x^{m-2}}{m\gamma\sqrt{X}},$$

folglich

$$1)\int\frac{x^m}{\sqrt{(\alpha+\beta x+\gamma x^2)}}=\frac{x^{m-1}.\sqrt{(\alpha+\beta x+\gamma x^2)}}{m\gamma}$$

$$-\frac{(m-\frac{1}{2})\beta}{m\gamma}\int\frac{x^{m-1}}{\sqrt{(\alpha+\beta x+\gamma x^2)}}-\frac{(m-1)\alpha}{m\gamma}\int\frac{x^{m-2}}{\sqrt{(\alpha+\beta x+\gamma x^2)}}.$$

Setzt man $-m+2$ statt m in 1), so erhält man

$$2)\int\frac{1}{x^m\sqrt{(\alpha+\beta x+\gamma x^2)}}$$

$$=-\frac{\sqrt{(\alpha+\beta x+\gamma x^2)}}{(m-1)\alpha x^{m-1}}-\frac{(2m-3)\beta}{2(m-1)\alpha}\int\frac{1}{x^{m-1}\sqrt{(\alpha+\beta x+\gamma x^2)}}$$

$$-\frac{(m-2)\gamma}{(m-1)\alpha}\int\frac{1}{x^{m-2}\sqrt{(\alpha+\beta x+\gamma x^2)}}.$$

Anmerkung. Durch diese Reduktionsformeln wird der Exponent m verkleinert, so daß man durch ihre Anwendung zu bereits bekannten Integralen gelangen kann, wenn m eine ganze Zahl ist. — In 1) kann nicht $m=0$ und in 2) nicht $m=1$ genommen werden, weil dann die Glieder unendlich werden würden. In diesen beiden Fällen können aber die Integrale nach frühern Formeln gefunden werden.

1. Zusatz. Da $x^m\sqrt{(\alpha+\beta x+\gamma x^2)}=\frac{x^m.X}{\sqrt{X}}$ $=\frac{\alpha x^m+\beta x^{m+1}+\gamma x^{m+2}}{\sqrt{X}}$ ist, so ist ersichtlich, daß

$$3)\int x^m\sqrt{(\alpha+\beta x+\gamma x^2)}=\alpha\int\frac{x^m}{\sqrt{X}}+\beta\int\frac{x^{m+1}}{\sqrt{X}}+\gamma\int\frac{x^{m+2}}{\sqrt{X}}$$

durch wiederholte Anwendung von 1) gefunden werden kann.

2. Zusatz. Da $\frac{\sqrt{(\alpha+\beta x+\gamma x^2)}}{x^m}=\frac{X}{x^m\sqrt{X}}=\frac{\alpha}{x^m\sqrt{X}}$ $+\frac{\beta}{x^{m-1}\sqrt{X}}+\frac{\gamma}{x^{m-2}\sqrt{X}}$ ist, so ist ersichtlich, daß

$$4)\int\frac{\sqrt{(\alpha+\beta x+\gamma x^2)}}{x^m}=\alpha\int\frac{1}{x^m\sqrt{X}}+\beta\int\frac{1}{x^{m-1}\sqrt{X}}+\gamma\int\frac{1}{x^{m-2}\sqrt{X}}$$

durch wiederholte Anwendung von 2) gefunden werden kann.

§. 45.

Fortsetzung.

Um die Differenzial-Koeffizienten $\frac{X}{\sqrt{(\alpha+\beta x+\gamma x^2)}}$ und $\frac{X}{\sqrt{(\alpha+\beta x-\gamma x^2)}}$, wo X eine rationale ganze oder gebrochene Funktion von x anzeigt, rational zu machen, kann man auf verschiedene Arten verfahren, von denen die drei folgenden die wesentlichsten und einfachsten sind.

1. Man setze $\sqrt{(\alpha+\beta x+\gamma x^2)} = z + x\sqrt{\gamma}$, so ist

$$z = \sqrt{(\alpha+\beta x+\gamma x^2)} - x\sqrt{\gamma},$$

$$x = \frac{\alpha - z^2}{2z\sqrt{\gamma}-\beta},\ \frac{dx}{dz} = \frac{-2(z^2\sqrt{\gamma}-\beta z+\alpha\sqrt{\gamma})}{(2z\sqrt{\gamma}-\beta)^2},$$

$$\sqrt{(\alpha+\beta x+\gamma x^2)} = z + x\sqrt{\gamma} = \frac{z^2\sqrt{\gamma}-\beta z+\alpha\sqrt{\gamma}}{2z\sqrt{\gamma}-\beta},\ \text{also}$$

$$\frac{dx}{dz} \times \frac{1}{\sqrt{(\alpha+\beta x+\gamma x^2)}} = \frac{-2}{2z\sqrt{\gamma}-\beta}.$$

Da man bei der Umformung den gegebenen Differenzial-Koeffizienten mit $\frac{dx}{dz}$ zu multipliziren hat, so ist ersichtlich, daß durch die angedeutete Umformung der, von der angenommenen Form gegebene, Differenzial-Koeffizient und sein Integral in einer Funktion von z vollständig gefunden werden kann, wenn man in X vorher noch für x seinen obigen Werth als Funktion von z setzt. Will man das Integral wieder in einer Funktion von x haben, so darf man zuletzt nur wieder für z seinen oben angegebenen Werth setzen. Ist z. B. das Integral von $\frac{1}{2x\sqrt{(1+x^2)}}$ zu suchen, so ist $X = \frac{1}{2x}$, $\alpha = 1$, $\beta = 0$, $\gamma = 1$, folglich $z = \sqrt{(1+x^2)} - x$, $x = \frac{1-z^2}{2z}$, $\frac{dx}{dz} \times \frac{1}{\sqrt{(1+x^2)}} = -\frac{1}{z}$, folglich

$$\int \frac{1}{2x\sqrt{(1+x^2)}} = \int \frac{-1.2z}{2(1-z^2)z} = -\int \frac{1}{1-z^2}$$

$$= -\tfrac{1}{2}\int \frac{1}{1+z} - \tfrac{1}{2}\int \frac{1}{1-z}$$

$$= -\tfrac{1}{2}\log.(1+z) + \tfrac{1}{2}\log.(1-z) = \tfrac{1}{2}\log.\frac{1-z}{1+z}$$

$$= \tfrac{1}{2}\log.\frac{1+x-\sqrt{(1+x^2)}}{1-x+\sqrt{(1+x^2)}}.$$

2. Setzt man $\sqrt{(\alpha+\beta x+\gamma x^2)} = \sqrt{\alpha}+xz$, so erhält man

$$z = \frac{-\sqrt{\alpha}+\sqrt{(\alpha+\beta x+\gamma x^2)}}{x},$$

$$x = \frac{\beta - 2z\sqrt{\alpha}}{z^2-\gamma},$$

$$\frac{dx}{dz} = \frac{2(z^2\sqrt{\alpha}-\beta z+\gamma\sqrt{\alpha})}{(z^2-\gamma)^2},$$

$$\sqrt{(\alpha+\beta x+\gamma x^2)} = \frac{-(z^2\sqrt{\alpha}-\beta z+\gamma\sqrt{\alpha})}{z^2-\gamma},$$

$$\frac{dx}{dz}\times\frac{1}{\sqrt{(\alpha+\beta x+\gamma x^2)}} = \frac{-2}{z^2-\gamma}.$$

Diese Funktion von z ist rational und bleibt auch rational, wenn man in X für x seinen in z ausgedrückten Werth setzt. Im Uebrigen ist wieder wie in 1. zu verfahren.

3. Zerlegt man $\alpha+\beta x+\gamma x^2$ in seine einfachen Faktoren

$$\frac{\beta+\sqrt{(\beta^2-4\alpha\gamma)}}{2\gamma} = m \text{ und}$$

$$\frac{\beta-\sqrt{(\beta^2-4\alpha\gamma)}}{2\gamma} = n, \text{ so wird}$$

$$\alpha+\beta x+\gamma x^2 = (m+x)(n+x)\gamma.$$

Um nun $\sqrt{(\alpha+\beta x+\gamma x^2)}$ rational zu machen, setze man

$$(m+x)(n+x) = (m+x)^2 z^2 \quad (1), \text{ also}$$

$$\sqrt{(\alpha+\beta x+\gamma x^2)} = (m+x)z\sqrt{\gamma} \quad (2),$$

so folgt aus (1)

$$x = \frac{n-mz^2}{z^2-1}, \text{ also } \frac{dx}{dz} = \frac{2(m-n)z}{(z^2-1)^2},$$

und wenn man diesen Werth von x in (2) substituirt,

$$\sqrt{(\alpha+\beta x+\gamma x^2)} = \frac{-(m-n)z}{z^2-1}\sqrt{\gamma}, \text{ folglich}$$

$$\frac{dx}{dz} \times \frac{1}{\sqrt{(\alpha+\beta x+\gamma x^2)}} = \frac{-2}{z^2-1}.$$

Diese Funktion von z ist wiederum rational und bleibt auch rational, wenn man in X für x seinen durch z ausgedrückten Werth setzt. Hat man also diesen Werth für x noch substituirt, sodann integrirt und endlich den aus (1) sich ergebenden Werth von $z = \frac{\sqrt{(n+x)}}{\sqrt{(m+x)}}$ und zuletzt auch noch für m und n die obigen Werthe wieder eingesetzt, so ist das Integral in einer Funktion von x vollständig gefunden.

1. Anmerkung. Wegen $\sqrt{\alpha}$ und $\sqrt{\gamma}$ wird man, wenn γ negativ ist, die in 2. und wenn α negativ ist, die in 1. und 3 angegebene Umformung anwenden.

2. Anmerkung. Durch die angegebenen Umformungen wird die Funktion auch dann noch rational, wenn statt der zweiten Wurzel jede andere Potenz von dieser Wurzelgröße gegeben ist.

§. 46.

Fortsetzung.

1. Hat man $X\left(\frac{a+bx}{\alpha+\beta x}\right)^{\frac{p}{q}}$ zu integriren, wo X eine rationale Funktion von x bezeichnet, so kann dieser Ausdruck dadurch rational gemacht werden, daß man

$$\frac{a+bx}{\alpha+\beta x} = z^q, \text{ also } \left(\frac{a+bx}{\alpha+\beta x}\right)^{\frac{p}{q}} = z^p$$

setzt. Es ist alsdann

$$x = \frac{a-\alpha z^q}{\beta z^q - b} \text{ und daraus}$$

$$\frac{dx}{dz} = \frac{q(b\alpha - a\beta)z^{q-1}}{(\beta z^q - b)^2}, \text{ folglich}$$

$$\frac{dx}{dz} \times \left(\frac{a+bx}{\alpha+\beta x}\right)^{\frac{p}{q}} = \frac{q(b\alpha - a\beta)z^{p+q-1}}{(\beta z^q - b)^2},$$

welches rational bleibt, nachdem auch in X für x sein obiger Werth gesetzt worden ist. Nach der Entwickelung des Integrals hat man dann nur noch für z seinen aus dem Obigen sich ergebenden Werth $\sqrt[q]{\left(\frac{a+bx}{\alpha+\beta x}\right)}$ zurück zu substituiren, um

$$\int X\left(\frac{a+bx}{\alpha+\beta x}\right)^{\frac{p}{q}}$$

in einer Funktion von x zu erhalten.

1. Zusatz. Hat man $Y\left(\frac{a+by^n}{\alpha+\beta y^n}\right)^{\frac{p}{q}}$ zu integriren, wo Y eine rationale Funktion von y ist, welche nur ganze Potenzen von y^n enthält, so darf mau nur $y^n = x$ setzen, um auf den in 1. behandelten Fall zu kommen.

2. Hat man $\frac{X}{\sqrt[n]{(a+bx)^m} - \sqrt[q]{(a+bx)^p}}$ zu integriren, wo X eine rationale Funktion von x ist, so darf man nur $a+bx = z^{\frac{nq}{mp}}$ setzen, und danach den gegebenen Differenzial-Koeffizienten umformen, um ihn in einer rationalen Funktion von z ausgedrückt zu erhalten.

2. Zusatz. Um $\int\frac{1}{\sqrt{(1+x^2)}-\sqrt{(1-x^2)}}$ zu entwickeln, kann man Zähler und Nenner mit $\sqrt{(1+x^2)}+\sqrt{(1-x^2)}$ multipliziren, wodurch man erhält

$$\int\frac{1}{\sqrt{(1+x^2)}-\sqrt{(1-x^2)}} = \tfrac{1}{2}\int\frac{\sqrt{(1+x^2)}}{x^2} + \tfrac{1}{2}\int\frac{\sqrt{(1-x^2)}}{x^2}.$$

Um nun diese beiden letztern Integrale rational zu machen, darf man nur $\sqrt{(1+x^2)} = xz$ und $\sqrt{(1-x^2)} = x\omega$ setzen und sie danach umformen. Durch diese Umformung reduzirt sich das gesuchte Integral auf

$$-\tfrac{1}{2}\int\frac{z^2}{z^2-1} - \tfrac{1}{2}\int\frac{\omega^2}{\omega^2+1}.$$

Nun ist $\frac{z^2}{z^2-1} = 1 + \frac{1}{z^2-1}$ und $\frac{\omega^2}{\omega^2+1} = 1 - \frac{1}{\omega^2+1}$,

folglich

$$\int \frac{z^2}{z^2-1} = \int z^0 + \int \frac{1}{z^2-1} = z + \tfrac{1}{2}\log.\frac{z-1}{z+1} \text{ (cfr. §. 45.)}$$

und

$$\int \frac{\omega^2}{\omega^2+1} = \int \omega^0 - \int \frac{1}{\omega^2+1} = \omega - \text{arc. tang. } \omega$$

oder, wenn man für z und ω die Werthe in x wiederherstellt, das gesuchte Integral

$$= -\tfrac{1}{2}\Big[\frac{\sqrt{(1+x^2)}}{x} + \tfrac{1}{2}\log.\frac{\sqrt{(1+x^2)}-x}{\sqrt{(1+x^2)}+x} + \frac{\sqrt{(1-x^2)}}{x}$$

$$- \text{arc. tang. } \frac{\sqrt{(1-x^2)}}{x}\Big]$$

oder endlich, wegen

$$\tfrac{1}{2}\log.\frac{\sqrt{(1+x^2)}-x}{\sqrt{(1+x^2)}+x} = \tfrac{1}{2}\log.(\sqrt{(1+x^2)}-x)^2$$

$$= \log.(\sqrt{(1+x^2)}-x) = -\log.(\sqrt{(1+x^2)}+x)$$

und zufolge $\text{arc. tang. } \alpha = \text{arc. cotg. } \frac{1}{\alpha} = 90^0 - \text{arc. tang. } \frac{1}{\alpha}$, auch $-\text{arc. tang. } \frac{\sqrt{(1+x^2)}}{x} = +\text{arc. tang. } \frac{x}{\sqrt{(1+x^2)}}$, das gesuchte Integral, nämlich

$$\int \frac{1}{\sqrt{(1+x^2)}-\sqrt{(1-x^2)}} = -\frac{\sqrt{(1+x^2)}+\sqrt{(1-x^2)}}{2x}$$

$$+ \tfrac{1}{2}\log.(\sqrt{(1+x^2)}+x) + \tfrac{1}{2}\text{arc. tang. } \frac{\sqrt{(1-x^2)}}{x}.$$

3. Um das Integral von $\frac{1}{(a-bx)\sqrt{2cx}}$ zu erhalten, setze man $x = z^2$, wodurch $\frac{dx}{dz} = 2z$ und folglich

$$\int \frac{1}{(a+bx)\sqrt{2cx}} = \int \frac{1}{(a-bz^2)z\sqrt{2c}} = \frac{2}{\sqrt{2c}}\int \frac{1}{a-bz^2} \text{ (§. 42. 2)}$$

$$= \frac{1}{\sqrt{2abc}}\log.\frac{\sqrt{a}+z^2\sqrt{b}}{\sqrt{a}-z^2\sqrt{b}},$$

und wenn man für z seinen Werth $\sqrt{x}$ substituirt,

$$\int \frac{1}{(a-bx)\sqrt{2cx}} = \frac{1}{\sqrt{2abc}}\log.\frac{\sqrt{a}+\sqrt{bx}}{\sqrt{a}-\sqrt{bx}}.$$

4. Um $\frac{(1-\sqrt{x}+\sqrt[3]{x^2})}{1-\sqrt{x}}$ rational zu machen, setze man $x^{\frac{1}{6}} = z$, also $x = z^6$ und $\frac{dx}{dz} = 6z^5$. Dadurch wird

$$\int \frac{1-\sqrt{x}+\sqrt[3]{x^2}}{1-\sqrt{x}} = \int \frac{6(1-z^3+z^4)z^5}{1-z^3} = \int \frac{6(z^9-z^8+z^5)}{-z^3+1}$$

oder, wenn wirklich dividirt wird,

$$\int \frac{1-\sqrt{x}+\sqrt[3]{x^2}}{1-\sqrt{x}} = 6\int\left(z^6+z^5-z^3-z^0+\frac{1}{1-z^3}\right),$$

welches letztere sich nach früheren Regeln integriren läßt.

5. Um $\frac{\sqrt{x}+\sqrt[3]{x}}{\sqrt{x}-\sqrt[3]{x}}$ zu integriren, setze man $x = z^6$, also $\frac{dx}{dz} = 6z^5$. Dadurch wird

$$\int \frac{\sqrt{x}+\sqrt[3]{x}}{\sqrt{x}-\sqrt[3]{x}} = \int \frac{6(z^6+z^5)}{z-1}$$

$$= 6\int\left(z^5+2z^4+2z^3+2z^2+2z+2z^0+\frac{2}{z-1}\right),$$

welches letztere wiederum nach früheren Regeln gefunden werden kann.

6. Um $\frac{\sqrt{x}}{x-1}$ zu integriren, setze man $\sqrt{x} = z$, also $\frac{dx}{dz} = 2z$. Dadurch wird

$$\int \frac{\sqrt{x}}{x-1} = 2\int \frac{z^2}{z^2-1} = 2\int\left(z^0+\frac{1}{z^2-1}\right) = 2\int z^0 - \frac{1}{1-z^2}\right)$$

$$= 2z - 2\int \frac{1}{1-z^2} = 2\sqrt{x} + \log. \frac{1-\sqrt{x}}{1+\sqrt{x}}.$$

§. 47.

Reduktionsformeln für $x^m(a+bx^n)^p$.

Wenn ein Differenzial-Koeffizient von der Form $x^m(a+bx^n)^p$ nicht nach den beiden Fällen in §. 37 rational wird, so gibt es sogenannte Reduktionsformeln, durch welche das zu suchende Integral von einem andern, bereits bekannten, abhängig gemacht werden kann, und von denen die wichtigsten auf folgende Weise entwickelt werden können.

Es ist

$$\frac{d.(x^{m+1}(a+bx^n)^p)}{dx} = (m+1)x^m(a+bx^n)^p + bnpx^{m+n}(a+bx^n)^{p-1}$$

und daher

$$x^m(a+bx^n)^p = \frac{d.(x^{m+1}.(a+bx^n)^p)}{(m+1)dx} - \frac{bnp}{m+1}x^{m+n}(a+bx^n)^{p-1},$$

folglich

$$1) \int x^m(a+bx^n) = \frac{x^{m+1}(a+bx^n)^p}{m+1} - \frac{bnp}{m+1}\int x^{m+n}(a+bx^n)^{p-1}.$$

Setzt man in dieser Formel m—n statt n und p+1 statt p, so erhält man

$$\int x^{m-n}(a+bx^n)^p = \frac{x^{m-n+1}(a+bx^n)^p}{m-n+1} - \frac{bn(p+1)}{m-n+1}\int x^m(a+bx^n)^q.$$

Hieraus folgt

$$2) \int x^m(a+bx^n)^p$$

$$= \frac{x^{m-n+1}(a+bx^n)^p}{bn(p+1)} - \frac{m-n+1}{bn(q+1)}\int x^{m-n}(a+bx^n)^{p+1}$$

Es ist ferner

$$x^m(a+bx\ )^p = x^m(a+bx^n)(a+bx^n)^{p-1}$$
$$= ax^m(a+bx^n)^{p-1} + bx^{m+n}(a+bx^n)^{p-1}.$$

Substituirt man dies in die ursprüngliche Gleichung, so erhält man

$$\frac{d.(x^{m+1}.(a+bx^n)^p)}{dx}$$

$$= a(m+1)x^m(a+bx^n)^{p-1} + b(np+m+1)x^{m+n}(a+bx^n)^{p-1}.$$

Setzt man nun p + 1 statt p, so ergibt sich

$$x^m(a+bx^n)^p$$

$$= \frac{d.(x^{m+1}.(a+bx^n)^{p+1})}{a(m+1)dx} + \frac{b(np+m+1)}{a(m+1)}x^{m+n}(a+bx^n)^{p-1},$$

folglich

$$3) \int x^m(a+bx^n)^p$$

$$= \frac{x^{m+1}(a+bx^n)^{p+1}}{a(m+1)} - \frac{b(n(p+1)+m+1)}{a(m+1)}\int x^{m+n}(a+bx^n)^p.$$

Setzt man in dieser Formel m—n statt m, so ist

$$\int x^{m-n}(a+bx^n)^p$$

$$=\frac{x^{m-n+1}(a+bx^n)^{p+1}}{a(m-n+1)}-\frac{b(np+m+1)}{a(m-n+1)}\int x^m(a+bx^n)^p,$$

folglich

$$4)\ \int x^m(a+bx^n)^p$$

$$=\frac{x^{m-n+1}(a+bx^n)^{p+1}}{b(np+m+1)}-\frac{a(m-n+1)}{b(np+m+1)}\int x^{m-n}(a+b^n)^p.$$

Es ist ferner $bx^{m+n} = x^m . bx^n = . x^m(a+bx^n) - ax^m$. Substituirt man dies in die erste Formel, so erhält man

$$\int x^m(a+bx^n)^p$$

$$=\frac{x^{m+1}(a+bx^n)^p}{m+1}-\frac{np}{m+1}\int x^m(a+bx^n)^p+\frac{npa}{m+1}\int x^m(a+bx^n)^{p-1}$$

oder

$$5)\ \int x^m(a+bx^n)^p$$

$$=\frac{x^{m+1}(a+bx^n)^p}{np+m+1}+\frac{npa}{np+m+1}\int x^m(a+bx^n)^{p-1}.$$

Setzt man nun p+1 statt p, so ist

$$6)\ \int x^m(a+bx^n)^p$$

$$=\frac{x^{m+1}(a+bx^n)^{p+1}}{an(p+1)}-\frac{n(p+1)+m+1}{an(p+1)}\int x^m(a+bx^n)^{p+1}.$$

1. Anmerkung. Diese sechs Reduktionsformeln sind in denjenigen Fällen, in welchen die Nenner Null werden, nicht anwendbar. Es läßt sich jedoch dann das betreffende Integral auf Monome oder rationale Brüche zurückführen.

2. Anmerkung. Die erste Formel dient dazu, den Exponenten p zu verkleinern, und kann besonders dann mit Vortheil angewandt werden, wenn m negativ, n und p positiv sind.

Die zweite Formel wird gebraucht, wenn p negativ und sein Werth zu vergrößern ist.

Die dritte Formel wird gebraucht, wenn ein negatives m zu vergrößern, und die vierte Formel, wenn ein positives m zu verkleinern ist.

Die fünfte und sechste Formel werden gebraucht, wenn m bereits seine gehörige Größe, das ist 0 oder 1, hat und p entweder zu vergrößern oder zu verkleinern ist.

3. Anmerkung. Um das Integral von $\frac{x^4}{\sqrt{(1-x^2)}}$ zu bestimmen, darf nur der Exponent 4 auf 0 gebracht werden, um auf das bekannte $\int \frac{1}{\sqrt{(1-x^2)}} = \text{arc. sin. } x$ zu bekommen.

Ist m eine ungerade Zahl, z. B. 5, so kommt man durch dasselbe Verfahren auf $\frac{x}{\sqrt{(1-x^2)}}$, welches nach der zweiten Integrationsregel sofort gefunden werden kann, indem es $= -\sqrt{(1+x^2)}$ ist.

Zur Bestimmung von $\int \frac{1}{x^2(1+x^2)}$ wird man den Exponenten $m = -2$ auf 0 bringen und dadurch auf das bekannte $\int \frac{1}{1+x^2} = \text{arc. tang. } x$ kommen.

Um $\int \frac{x^5}{1+x^2}$ zu bestimmen, kann man die vierte Formel anwenden. Man gelangt dadurch auf das nach der zweiten Integrationsregel leicht zu findende $\int \frac{x}{1+x^2} = \frac{1}{2} \log. (1+x^2)$.

Um $\int x^2 \sqrt{(1-x^2)}$ zu finden, ist die erste und vierte Reduktionsformel anzuwenden, indem man zuerst $p = \frac{1}{2}$ um 1 verkleinert und auf $-\frac{1}{2}$ bringt, und dann erst den Exponenten $m = 2$, welcher bis $m+n = 4$ gestiegen ist, um $2n = 4$ Einheiten verkleinert und auf 0 bringt. Auf diese Weise kommt man auf das bekannte $\int \frac{1}{\sqrt{(1-x^2)}} = \text{arc. sin. } x$.

Aus allen diesen Bemerkungen geht nun hervor, daß alle Differenzial-Koeffizienten von der Form

$$x^m (1-x^2)^{\frac{r}{2}} \text{ und } x^m (1+x^2)^p,$$

wo m und p ganze positive oder negative und r ungerade Zahlen bezeichnen, die erste Form immer auf $\int\frac{1}{\sqrt{(1-x^2)}} = \text{arc. sin. } x$ oder $\int\frac{x}{\sqrt{(1-x^2)}} = -\sqrt{(1-x^2)}$, und die letztere Form immer auf $\int\frac{1}{1+x^2} = \text{arc. tang. } x$ oder $\int\frac{x}{1+x^2} = \frac{1}{2}\log.(1+x^2)$ gebracht werden kann, je nachdem m gerade oder ungerade ist.

1. Zusatz. Setzt man in 5) und 6) $m = 0$ und $n = 2$, $c+z$ statt x und nach vollendeter Entwickelung $a + bc^2 = \alpha$, $2bc = \beta$, $b = \gamma$, wodurch $c = \frac{\beta}{2\gamma}$ und $a = \frac{4\alpha\gamma - \beta^2}{4\gamma}$ wird, so erhält man, wenn zuletzt noch x wieder statt z gesetzt wird,

$$7)\ \int(\alpha+\beta x+\gamma x^2)^p$$

$$= \frac{(\beta+2\gamma x)(\alpha+\beta x+\gamma x^2)^p}{2\gamma(2p+1)} + \frac{p(4\alpha\gamma-\beta^2)}{2\gamma(2p+1)}\int(\alpha+\beta x+\gamma x^2)^{p-1}$$

und

$$8)\ \int\frac{1}{(\alpha+\beta x+\gamma x^2)^p} = \frac{\beta+2\gamma x}{(p-1)(4\alpha\gamma-\beta^2)(\alpha+\beta x+\gamma x^2)^{p-1}}$$

$$+ \frac{2\gamma(2p-3)}{(p-1)(4\alpha\gamma-\beta^2)}\int\frac{1}{(\alpha+\beta x+\gamma x^2)^{p-1}}.$$

2. Zusatz. Setzt man in 7) $p = \frac{1}{2}$, so erhält man

$$9)\ \int\sqrt{(\alpha+\beta x+\gamma x^2)}$$

$$= \frac{(\beta+2\gamma x)\sqrt{(\alpha+\beta x+\gamma x^2)}}{4\gamma} + \frac{4\alpha\gamma-\beta^2}{8\gamma}\int\frac{1}{\sqrt{(\alpha+\beta x+\gamma x^2)}},$$

wo nach 5) und 6) des 43. §.

$$\int\frac{1}{\sqrt{(\alpha+\beta x+\gamma x^2)}}$$

entweder $= \frac{1}{\sqrt{\gamma}}\log.[\beta+2\gamma x)+2\sqrt{\gamma}\sqrt{(\alpha+\beta x+\gamma x^2)}]$

oder $= \frac{1}{\sqrt{\gamma}}\text{arc. sin. }\frac{2\gamma x-\beta}{\sqrt{(4\alpha\gamma+\beta^2)}}$ ist,

je nachdem γ positiv oder negativ ist.

3. Zusatz. Setzt man in 9) $\alpha=0$, $\beta=2a$ und $\gamma=1$, so erhält man

$$10) \int\sqrt{(2ax+x^2)}$$
$$= \tfrac{1}{2}(a+x)\sqrt{(2ax+x^2)} - \frac{a^2}{2}\log.[a+x+\sqrt{(2ax+x^2)}],$$

wo $-\frac{a^2}{2}\log.2$ zur weggelassenen Konstante gerechnet ist, und

$$11) \int\sqrt{(2ax-x^2)}$$
$$= -\tfrac{1}{2}(a-x)\sqrt{(2ax-x^2)} + \frac{a^2}{2}\,\text{arc.sin.}\left(\frac{x-a}{a}\right),$$

wo statt des letzten Gliedes auch $-\frac{a^2}{2}\,\text{arc.sin.}\left(\frac{a-x}{a}\right)$ gesetzt werden kann.

4. Zusatz. Wenn man $x = z - \frac{\beta}{2\gamma}$ setzt, so wird $\alpha + \beta x + \gamma x^2$ auf die Form $a + bz^2$ gebracht, indem dann $a = \frac{4\alpha\gamma - \beta^2}{4\gamma}$, $b = \gamma$ und $\frac{dx}{dz} = 1$ ist, folglich

$$12) \int x^n(\alpha+\beta x+\gamma x^2)^p = (-1)^n\int\left(\frac{\beta}{2\gamma}-z\right)^n(a+bz^2)^p.$$

Ist nun n eine positive ganze Zahl, so läßt sich $\left(\frac{\beta}{2\gamma}-z\right)^n$ in eine endliche Anzahl (nämlich n + 1) Glieder entwickeln, so daß man eben so viele Integrale von der Form $Mz^r(a+bz^2)^p$ zu bestimmen hat, welche nach früheren Formeln gefunden werden können.

5. Zusatz. Auch $\int x\,(\alpha+\beta x^m+\gamma x^{2m})^p$ kann nach dem 4. Zusatz gefunden werden. Denn wenn man $x^m = y$ setzt, so verwandelt sich das gegebene Integral in

$$\frac{1}{m}\int y^{\frac{n+1}{m}-1}(\alpha+\beta y+\gamma y^2)^p,$$

welches mit dem im 4. Zusatz angegebenen dieselbe Gestalt hat, wenn $\frac{n+1}{m}$ eine ganze positive Zahl ist.

6. Zusatz. Um $\int x\sqrt{(\alpha+\beta x+\gamma x^2)}$ zu bestimmen, setze man $n = 1$, $p = \frac{1}{2}$, also nach 12) das

$$\int x\sqrt{(\alpha+\beta x+\gamma x^2)} = (-1)^1\int\left(\frac{\beta}{2\gamma}-z\right)(a+bz^2)^{\frac{1}{2}}$$
$$= -\frac{\beta}{2\gamma}\int(a+bz^2)^{\frac{1}{2}}+\int z(a+bz^2)^{\frac{1}{2}}.$$

Nun ist nach 5) und 6) des 43. §.

$$\int\sqrt{(a+bx^2)} = \tfrac{1}{2}x\sqrt{(a+bx^2)}+\frac{a}{2}\int\frac{1}{\sqrt{(a+bx^2)}}$$

oder nach 3) im 43. §.

$$13)\ \int\sqrt{(a+bx^2)}$$
$$= \tfrac{1}{2}x\sqrt{(a+bx^2)}+\frac{a}{2\sqrt{b}}\log.[x\sqrt{b}+\sqrt{(a+bx^2)}] \text{ und}$$

$$14)\ \int\sqrt{(a-bx^2)}$$
$$= \tfrac{1}{2}x\sqrt{(a-bx^2)}+\frac{a}{2\sqrt{b}}\text{ arc. sin.}\left(x\sqrt{\frac{b}{a}}\right) \text{ cfr. 4) im 43. §.,}$$

folglich das gesuchte Integral nach 13) und nach der zweiten Integrationsregel

$$= -\frac{\beta}{2\gamma}\left\{\frac{z\sqrt{(a+bz^2)}}{2}+\frac{a}{2\sqrt{b}}\log.[z\sqrt{b}+\sqrt{(a+bz^2)}]+\tfrac{1}{3}\frac{(a+bz^2)^{\frac{3}{2}}}{b}\right\}$$

oder, weil nach dem 4. Zusatz $z = x+\frac{\beta}{2\gamma} = \frac{\beta+2\gamma x}{2\gamma}$ und $a+bz^2 = \alpha+\beta x+\gamma x^2$ ($=X^2$ der Kürze halber gesetzt), so ist endlich

$$15)\ \int x\sqrt{(\alpha+\beta x+\gamma x^2)}$$
$$= -\frac{\beta}{2\gamma}\left\{\frac{(\beta+2\gamma x)X}{4\gamma}+\frac{4\alpha\gamma-\beta^2}{8\gamma\sqrt{\gamma}}\log.\left(\frac{\beta+2\gamma x}{2\sqrt{\gamma}}+X\right)\right\}+\frac{X^3}{3\gamma}.$$

§. 48.

Reduktionsformeln für logarithmische Größen.

Aus $\frac{d.(uv)}{dx} = uv'+vu'$ folgt die Hauptreduktionsformel

$$\int uv' = uv-\int vu'.$$

Um nun das Integral von $P(\log. x)^n$ zu finden, wenn P eine algebraische rationale Funktion von x ist, setze man

$$u = (\log. x)^n \text{ und } v' = P, \text{ so ist}$$

$$u' = \frac{n(\log. x)^{n-1}}{x} \text{ und } v = \int P,$$

folglich ist durch Substitution in die Hauptreduktionsformel

$$1) \int P(\log. x)^n = (\log. x)^n \int P - n \int \left((\log. x)^{n-1} . \frac{\int P}{x} \right)$$

für ein positives n. Hieraus ergibt sich

$$\int \frac{\int P}{x} (\log. x)^{n-1} = \frac{1}{n} (\log. x)^n \int P - \frac{1}{n} \int P (\log. x)^n.$$

Dividirt man durch $\int P$, multiplicirt mit Px und setzt $-n+1$ statt n, so erhält man

$$2) \int \frac{P}{(\log. x)^n} = - \frac{Px}{(n-1)(\log. x)^{n-1}} + \frac{Px}{(n-1)\int P} \int \frac{P}{(\log. x)^{n-1}}$$

für ein negatives n.

1. Anmerkung. Durch die Formeln 1) und 2) kann bei wiederholter Anwendung derselben der Exponent n nach und nach um 1, 2, 3.... Einheiten vermindert werden und zuletzt das gegebene Integral, wenn n eine ganze Zahl ist, auf Integrale gebracht werden, die nach frühern Formeln entwickelt werden können.

1. Zusatz. Ist $P = x^m$, so erhält man nach 1) durch wiederholte Anwendung

$$\int x^m (\log. x)^n = \frac{x^{m+1}}{m+1} (\log. x)^n - \frac{n}{m+1} \int x^m (\log. x)^{n-1},$$

$$\int x^m (\log. x)^{n-1} = \frac{x^{m+1}}{m+1} (\log. x)^{n-1} - \frac{n-1}{m+1} \int x^m (\log. x)^{n-2},$$

$$\int x^m (\log. x)^{n-2} = \frac{x^{m+1}}{m+1} (\log. x)^{n-2} - \frac{n-2}{m+1} \int x^m (\log. x)^{n-3}$$

u. s. w., folglich ist

$$3) \int x^m (\log. x)^n = \frac{x^{m+1}}{m+1} \left((\log. x)^n - \frac{n}{m+1} (\log. x)^{n-1} + \frac{n(n-1)}{(m+1)^2} + \frac{n(n-1)(n-2)}{(m+1)^3} (\log. x)^{n-1} + \ldots \right).$$

2. Anmerkung. Die Reihe 3) besteht aus einer endlichen Anzahl von Gliedern, wenn n eine ganze positive Zahl ist.

3. Anmerkung. Die Formeln 1) und 3) sind unbrauchbar für $m = -1$; es wird dann aber das betreffende Integral von $\frac{(\log. x)^n}{x}$ nach 8) im 38. §. gefunden.

2. Zusatz. Ist $P = x^m$, so erhält man nach 2) durch wiederholte Anwendung

$$\int \frac{x^m}{(\log. x)^n} = \frac{-x^{m+1}}{(n-1)(\log. x)^{n-1}} + \frac{m+1}{n-1} \int \frac{x^m}{(\log. x)^{n-1}},$$

$$\int \frac{x^m}{(\log. x)^{n-1}} = \frac{-x^{m+1}}{(n-2)(\log. x)^{n-2}} + \frac{m+1}{n-2} \int \frac{x^m}{(\log. x)^{n-2}}$$

u. s. w., folglich ist

$$4) \int \frac{x^m}{(\log. x)^n} = \frac{-x^{m+1}}{n-1} \left(\frac{1}{(\log. x)^{n-1}} + \frac{m+1}{(n-2)(\log. x)^{n-2}} + \frac{(m+1)^2}{(n-2)(n-3)(\log. x)^{n-3}} + \dots \right) + \frac{(m+1)^{n-1}}{(n-1)(n-2)\dots 3.2.1} \int \frac{x^m}{\log. x}.$$

4. Anmerkung. Das $\int \frac{x^m}{\log. x}$ kann nach 6) des 38. §. gefunden werden.

5. Anmerkung. Die Formel 4) wird unbrauchbar für $n = 1$; es wird dann aber das betreffende Integral von $\frac{x^m}{\log. x}$ wieder nach der in der vorigen Anmerkung angeführten Formel gefunden.

6. Anmerkung. Ist $m = -1$ und zugleich $n = 1$, so wird das betreffende Integral von $\frac{1}{x \log. x}$ nach 7) des 38. §. gefunden.

§. 49.

Reduktionsformeln für Exponentialgrößen.

Um das Integral von $P.a^x$ zu bestimmen, wo P eine algebraische ganze Funktion von x ist, setze man in der Haupt-Reduktionsformel

$$\int uv' = uv - \int vu'$$

$u = P$, $v' = a^x$, also $u' = \frac{dP}{dx}$ und $v = \int a^x$. Alsdann wird durch Substitution

$$\int P.a^x = P\int a^x - \int \frac{dP}{dx}\int a^x.$$

Substituirt man hierin den aus 3) des 38. §. sich ergebenden Werth von $\int a^x = \frac{a^x}{\log. a}$, so erhält man

$$1) \int P.a^x = \frac{P.a^x}{\log. a} - \frac{1}{\log. a}\int a^x . \frac{dP}{dx}$$

oder, wenn man $\frac{dP}{dx} = p$ setzt, wo p also der erste Differenzial-Koeffizient von P ist,

$$\int P.a^x = \frac{P.a^x}{\log. a} - \frac{1}{\log. a}\int p.a^x.$$

Nach 1) folgt nun

$$\int p.a^x = \frac{p.a^x}{\log. a} - \frac{1}{\log. a}\int a^x . \frac{dp}{dx},$$

wo $\frac{dp}{dx} = q$ der zweite Differenzial-Koeffizient von P ist; ferner

$$\int q.a^x = \frac{q.a^x}{\log. a} - \frac{1}{\log. a}\int a^x . \frac{dq}{dx},$$

wo $\frac{dq}{dx} = r$ der dritte Differenzial-Koeffizient von P ist rc.

Substituirt man diese Werthe nach und nach in 1), so erhält man

$$2) \int P.a^x = \frac{a^x}{\log. a}\left(P - \frac{p}{\log. a} + \frac{q}{(\log. a)^2} - \frac{r}{(\log. a)^3} + \ldots\right).$$

1. Anmerkung. Ist P eine algebraische rationale ganze Funktion von x, so wird man durch fortgesetztes Differenziren derselben endlich auf einen Differenzial-Koeffizienten kommen, der gleich 0 ist. Die Reihe 2) bricht dann also ab und gibt folglich in diesem Falle eine endliche Anzahl von Gliedern.

1. Zusatz. Ist $P = x^n$, so erhält man durch wiederholte Anwendung von 1) oder bequemer nach 2)

$$3) \int x^n . a^x = \frac{a^x}{\log. a}\left(x^n - \frac{nx^{n-1}}{\log. a} + \frac{n(n-1)x^{n-2}}{(\log. a)^2} - \ldots\right).$$

2. Anmerkung. Ist n eine positive ganze Zahl, so heißt in 3) das letzte Glied

$$\pm \frac{n(n-1)(n-2)\ldots.3.2.1.x^0.a^x}{(\log. a)^{n+1}},$$

und zwar gilt das obere Zeichen, wenn n eine ungerade, das untere Zeichen aber, wenn n eine gerade Zahl ist.

Um auch eine bequeme Formel zu haben, wenn P eine algebraische gebrochene Funktion von x ist, so setze man in der Hauptreduktionsformel

$$\int uv' = uv - \int vu'$$

$u = a^x$, $v' = P$, also $u' = \frac{d.a^x}{dx} = a^x \log. a$ (cfr. 2. Zusatz des 13. §.) und $v = \int P$. Alsdann wird durch Substitution

$$4) \int P.a^x = a^x \int P - \log. a \int a^x \int P.$$

Setzt man $\int P = \mathfrak{P}$, so erhält man nach 4) wieder

$$\int a^x \int P = \int \mathfrak{P}.a^x = a^x \int \mathfrak{P} - \log. a \int a^x \int \mathfrak{P};$$

ferner, wenn $\int \mathfrak{P} = \mathfrak{Q}$ gesetzt wird,

$$\int a^x \int \mathfrak{P} = \int a^x.\mathfrak{Q} = a^x \mathfrak{Q} - \log. a \int a^x \int \mathfrak{Q};$$

ferner, wenn $\int \mathfrak{Q} = \mathfrak{R}$ gesetzt wird,

$$\int a^x \int \mathfrak{Q} = \int a^x . \mathfrak{R} = a^x \mathfrak{R} - \log . a \int a^x \int \mathfrak{R} \text{ etc.}$$

Substituirt man diese Werthe nach und nach in 4), so erhält man

$$5) \int P . a^x = a^x (\mathfrak{P} - \mathfrak{Q} . \log . a + \mathfrak{R} (\log . a)^2 - \mathfrak{S} (\log . a)^3 + ...),$$

wo $\mathfrak{P}$ das erste, $\mathfrak{Q}$ das zweite, $\mathfrak{R}$ das dritte, $\mathfrak{S}$ das vierte rc. Integral von P ist.

3. Anmerkung. Durch fortgesetztes Integriren wird zuletzt der höchste Exponent von x der Funktion P auf -1 gebracht, folglich auf ein Glied mit $\int \frac{a^x}{x}$, welches nach 4) des 2. Zusatzes im 38. §. gefunden werden kann.

2. Zusatz. Ist $P = x^{-n}$, so erhält man nach 4)

$$6) \int \frac{a^x}{x^n} = \frac{-a^x}{(n-1) x^{n-1}} + \frac{\log . a}{n-1} \int \frac{a^x}{x^{n-1}},$$

welches durch Wiederholung auf ein Glied mit $\int \frac{a^x}{x}$ führt, über welches hinaus, wegen des dann im Nenner kommenden Faktors $n-n$, die Reduktion nicht getrieben werden kann, so daß also

$$+ \frac{(\log . a)^{n-1}}{(n-1)(n-2) .... 3.2.1} \int \frac{a^x}{x}$$

als das letzte Glied der Reihe zu betrachten ist, welches wieder nach 4) des 2. Zusatzes im 38. §. gefunden werden kann.

Nach 5) erhält man für $P = x^{-n}$

$$7) \int \frac{a^x}{x^n} = \frac{-a^x}{(n-1) x^{n-1}} \left(1 + \frac{x \log . a}{n-2} + \frac{x^2 (\log . a)^2}{(n-2)(n-3)} + ... \right.$$
$$\left. .... + \frac{x^{n-2} (\log . a)^{n-2}}{(n-2)(n-3) .... 3.2} \right) + \frac{(\log . a)^{n-1}}{(n-1)(n-2) .... 3.2.1} \int \frac{a^x}{x},$$

wo das Integral im letzten Gliede wieder nach 4) des 2. Zus. im 38. §. gefunden wird.

4. Anmerkung. Für $n = 1$ ist weder 6) noch 7) brauchbar; man erhält dann aber das betreffende Integral von $\frac{a^x}{x}$ wieder nach 4) des 2. Zus. im 38. §.

§. 50.

Reduktionsformeln für $\int \sin.^m x \cos.^n x$, wenn m und n ganze Zahlen sind.

Es ist $\frac{d.(\sin.^m x \cos.^n x)}{dx}$

$= m \sin.^{m-1} x . \cos.^{n+1} x - n \sin.^{m+1} x . \cos.^{n-1} x$

$= m \sin.^{m-1} x . \cos.^{n-1} x (1 - \sin.^2 x) - n \sin.^{m+1} x . \cos.^{n-1} x$

$= m \sin.^{m-1} x . \cos.^{n-1} x - (m+n) \sin^{m+1} x . \cos.^{n-1} x$ (weil $\sin.^{m-1} x \sin.^2 x = \sin.^{m+1} x$ ist). Setzt man nun $m-1$ statt m und $n+1$ statt n, so erhält man

$$\frac{d.(\sin.^{m-1} x . \cos.^{n+1} x)}{dx}$$

$$= (m-1) \sin.^{m-1} x . \cos.^n - (m+n) \sin.^m x . \cos.^n x$$

und hieraus für ein positives m

$$1) \int \sin.^m x \cos.^n x = - \frac{\sin.^{m-1} x . \cos^{n+1} x}{m+n} + \frac{m-1}{m+n} \int \sin.^{m-2} x . \cos.^n x.$$

Setzt man hierin $90^0 - x$ statt x, also $\frac{d(90^0 - x)}{dx} = -1$ und verwechselt dann m mit n, so erhält man für ein positives n

$$2) \int \sin.^m x . \cos.^n x = \frac{\sin.^{m+1} x . \cos.^{n-1} x}{m+n} + \frac{n-1}{m+1} \int \sin.^m x . \cos.^{n-2} x.$$

Setzt man in 1) $-m+2$ statt m, so ist für ein negatives m

$$3) \int \frac{\cos.^n x}{\sin.^m x} = - \frac{\cos.^{n+1}}{(m-1) \sin.^{m-1} x} - \frac{n-m+2}{m-1} \int \frac{\cos.^n x}{\sin.^{m-2} x}.$$

Setzt man in 2) $-n+2$ statt n, so ist für ein negatives n

$$4) \int \frac{\sin.^m x}{\cos.^n x} = \frac{\sin.^{m+1} x}{(n-1) \cos.^{n-1} x} - \frac{m-n+2}{n-1} \int \frac{\sin.^m x}{\cos.^{n-2} x}.$$

Nimmt man in 3) n und in 4) m negativ, so ist

$$5)\int\frac{1}{\sin.^m x\cos.^n x}=\frac{-1}{(m-1)\sin.^{m-1}x\,.\,\cos.^{n-1}x}$$
$$+\frac{m+n-2}{m-1}\int\frac{1}{\sin.^{m-2}x\,.\,\cos.^n x}\text{ und}$$

$$6)\int\frac{1}{\sin.^m x\,.\,\cos.^n x}=\frac{1}{(n-1)\sin.^{m-1}x\,.\,\cos.^{n-1}x}$$
$$+\frac{m+n-2}{n-1}\int\frac{1}{\sin.^m x\,.\,\cos.^{n-2}x}.$$

Setzt man in 1) und 3) $n=0$, und in 2) und 4) $m=0$, so ist

$$7)\int\sin.^m x=-\frac{\sin.^{m-1}x\,.\,\cos.x}{m}+\frac{m-1}{m}\int\sin.^{m-2}x,$$

$$8)\int\cos.^n x=\frac{\sin.x\cos.^{n-1}x}{n}+\frac{n-1}{n}\int\cos.^{n-2}x,$$

$$9)\int\frac{1}{\sin.^m x}=-\frac{\cos.x}{(m-1)\sin.^{m-1}x}+\frac{m-2}{m-1}\int\frac{1}{\sin.^{m-2}x}$$

und

$$10)\int\frac{1}{\cos.^n x}=\frac{\sin.x}{(n-1)\cos.^{n-1}x}+\frac{n-2}{n-1}\int\frac{1}{\cos.^{n-2}x}.$$

1. Zusatz. Wenn in 1) statt m nach und nach $m-2$, $m-4$ etc. gesetzt wird, so gelangt man endlich auf $\int\cos.x$ oder $\int\sin.x\cos.^n x$, je nachdem m gerade oder ungerade ist. Auf ähnliche Art für 2) auf $\int\sin^m x$ oder $\int\cos.x\,.\,\sin.^m x$.

Diese vier Integrale können leicht gefunden werden; denn es ist

$$\cos.^n x\sin.x=-\frac{\cos.^n x\,.\,d\cos.x}{dx}=-\frac{d\,.\,\cos.^{n+1}x}{(m+1)dx},$$

folglich

$$11)\int\cos.^n x\sin.x=-\frac{\cos.^{n+1}x}{m+1}.$$

Ferner ist $\sin.^m x \, . \cos. x = \frac{\sin.^m x \, . \, d \sin. x}{dx}$

$$= \frac{d \, . \sin.^{m+1} x}{(m+1) dx}, \text{ folglich}$$

$$12) \int \sin.^m x \, . \cos. x = \frac{\sin.^{m+1} x}{m+1}.$$

Um $\int \cos.^n x$ zu finden, ist 8) wiederholt anzuwenden, indem statt n nach und nach $n-2$, $n-4$ etc. gesetzt wird. Dadurch kommt man endlich entweder auf

$$\int x^0 = x \quad \text{oder} \quad \int \cos. x = \sin. x,$$

je nachdem n gerade oder ungerade ist.

Auf ähnliche Art reduzirt sich durch 7) das $\int \sin.^m x$ auf

$$\int x^0 = x \quad \text{oder} \quad \int \sin. x = -\cos. x,$$

je nachdem m gerade oder ungerade ist.

2. Zusatz. Durch wiederholte Anwendungen der Formeln 3) und 4) kommt man

durch 3) auf $\int \cos.^n x$ oder $\int \frac{\cos.^n x}{\sin. x}$,

durch 4) auf $\int \sin.^m x$ oder $\int \frac{\sin.^m x}{\cos. x}$,

durch 5) auf $\int \frac{1}{\cos.^n x}$ oder $\int \frac{1}{\sin. x \cos.^n x}$ und

durch 6) auf $\int \frac{1}{\sin.^m x}$ oder $\int \frac{1}{\sin.^m x \cos. x}$,

je nachdem m und n gerade oder ungerade sind.

Von diesen acht Integralen ist die Entwickelung von

$$\int \cos.^n x \text{ und } \int \sin.^m x$$

schon im 1. Zusatz nachgewiesen worden. $\int \frac{1}{\cos.^n x}$ und $\int \frac{1}{\sin.^m x}$

werden durch wiederholte Anwendung von 9) und 10) auf

$$\int x^0 \text{ oder } \int \frac{1}{\cos. x} \text{ oder } \int \frac{1}{\sin. x}$$

gebracht, welche durch den 40. §. bekannt sind.

Setzt man in 2) $m = -1$ und in 1) $n = -1$, so erhält man

$$13) \int \frac{\cos.^n x}{\sin. x} = \frac{\cos.^{n-1} x}{n-1} + \int \frac{\cos.^{n-2} x}{\sin. x} \text{ und}$$

$$14) \int \frac{\sin.^m x}{\cos. x} = -\frac{\sin.^{m-1} x}{m-1} + \int \frac{\sin.^{m-2} x}{\cos. x}.$$

Durch wiederholte Anwendung dieser Formeln werden daher die in 13) und 14) zu suchenden Integrale auf die bekannten Formen

$$\int \frac{1}{\sin. x} \text{ oder } \int \frac{\cos. x}{\sin. x} \text{ und}$$

$$\int \frac{1}{\cos. x} \text{ oder } \int \frac{\sin. x}{\cos. x}$$

reduzirt.

Für die beiden noch übrigen Integrale erhält man, wenn in 5) $n = 1$ und in 6) $m = 1$ gesetzt wird,

$$15) \int \frac{1}{\sin. x \cos.^n x} = \frac{1}{(n-1)\cos.^{n-1} x} + \int \frac{1}{\sin. x \cos.^{n-2} x}$$

und

$$16) \int \frac{1}{\sin.^m x \cos. x} = \frac{-1}{(m-1)\sin.^{m-1} x} + \int \frac{1}{\sin.^{m-2} x \cos. x}.$$

Durch wiederholte Anwendung dieser Formeln werden daher die in 15) und 16) zu suchenden Integrale, je nachdem m und n gerade oder ungerade sind, auf die bekannten Integrale

$$\int \frac{1}{\sin. x} \text{ oder } \int \frac{1}{\sin. x \cos. x} \text{ und}$$

$$\int \frac{1}{\cos. x} \text{ oder } \int \frac{1}{\sin. x \cos. x}$$

zurückgeführt.

3. Zusatz. Wenn von den Exponenten m und n wenigstens einer ungerade ist, so kann die Integration auch ohne die Reduktionsformeln vollführt werden. Denn ist z. B.

$$\int \sin.^2 x \,.\, \cos.^3 x$$

zu bestimmen, so löse man den Faktor mit dem ungeraden Exponenten auf und setze im vorliegenden Falle

$$\cos.^3 x = \cos. x . \cos.^2 x = \cos. x (1 - \sin.^2 x)$$
$$= \frac{d . \sin. x}{dx} (1 - \sin.^2 x)$$

Setzt man nun $\sin. x = z$, so ist $\frac{d . \sin. x}{dx} = \frac{d.z}{dz} = 1$, folglich

$$\int \sin.^2 x . \cos.^3 x = \int z^2 (1 - z^2) = \int z^2 - \int z^4$$
$$= \frac{z^3}{3} - \frac{z^5}{5},$$

oder, wenn für z wieder sein Werth sin. x gesetzt wird,

$$\int \sin.^2 x . \cos.^3 x = \frac{\sin.^3 x}{3} - \frac{\sin.^5 x}{5}.$$

Um auf ähnliche Art $\int \sin.^5 x . \cos.^8 x$ zu bestimmen, setze man

$$\sin.^5 x = \sin. x \sin.^4 x = \sin. x (1 - \cos.^2 x)^2 \text{ und}$$
$$\sin. x = - \frac{d . \cos. x}{dx}.$$

Setzt man nun $\cos. x = z$, so ist $\frac{d . \cos. x}{dx} = \frac{d.z}{dz} = 1$, folglich $\int \sin.^5 x . \cos.^8 x = - \int z^8 (1 - z^2)^2 = - \int (z^8 - 2z^{10} + z^{12})$

$$= - \frac{z^9}{9} + \frac{2z^{11}}{11} - \frac{z^{13}}{13},$$

oder, wenn man statt z wieder seinen Werth cos. x setzt,

$$\int \sin.^5 x . \cos.^8 x = - \frac{\cos.^9 x}{9} + \frac{2 \cos.^{11} x}{11} - \frac{\cos.^{13} x}{13}.$$

Im Allgemeinen ist nun hiernach

$$17) \quad \sin.^{2m+1} x . \cos.^n x = - \int \sin.^{2m} x . \cos.^n x . d . \cos. x$$
$$= - \int z^n (1 - z^2)^m \text{ für } \cos. x = z$$

und

$$18 \quad \int \sin.^m x . \cos.^{2n+1} x = \int \sin.^m x . \cos.^{2n} x . d . \sin. x$$
$$= \int z^m (1 - z^2)^n \text{ für } \sin. x = z.$$

1. Anmerkung. Ist $m+n=0$, also $n=-m$, so kann 1) und 2) nicht zur Bestimmung von

$$\int\frac{\sin.^m x}{\cos.^m x}=\int\tang.^m x$$

gebraucht werden, sondern man muß es nach 4) auf

$$\int\sin.^m x \text{ oder } \int\frac{\sin.^m x}{\cos. x}$$

bringen, je nachdem m gerade oder ungerade ist, von denen

$$\int\sin.^m x \text{ nach 7) und } \int\frac{\sin.^m x}{\cos. x} \text{ nach 1),}$$

indem $m=-1$ gesetzt wird, zu bestimmen ist, wodurch man zuletzt auf $\int\frac{\sin. x}{\cos. x}=-\log.(\cos. x)$ kommt.

2. Anmerkung. Sind m und n gebrochene Zahlen, so kann in den meisten Fällen

$$\int\sin.^m x \,.\, \cos.^n x$$

bloß näherungsweise mittelst Reihen gefunden werden.

3. Anmerkung. Wenn in dem zu integrirenden Differenzial-Koeffizienten die trigonometrischen Linien auf andre Weise mit einander verbunden sind, so muß man durch zweckmäßige Substitutionen den gegebenen Differenzial-Koeffizienten auf eine algebraische Form zu bringen suchen, von der das Integral schon bekannt ist, oder doch gefunden werden kann. In vielen Fällen ist zu diesem Zwecke die Substitution von

$$(1)\ \tang.\frac{x}{2}=z$$

geeignet. Man hat alsdann $1+\tang.\frac{x}{2}=\sec.^2\frac{x}{2}=\frac{1}{\cos.^2\frac{x}{2}}=1+z^2$. Daher $\cos.^2\frac{x}{2}=\frac{1}{1+z^2}$ und $2\cos.^2\frac{x}{2}$ $=1+\cos. x=\frac{1}{1+z^2}$, folglich

$$(2)\ \cos. x=\frac{1-z^2}{1+z^2}.$$

Ferner folgt daraus $1 - \cos.^2 x = \sin.^2 x = \frac{4z^2}{(1+z^2)^2}$ und daher

$$(3)\ \sin. x = \frac{2z}{1+z^2},$$

$$(4)\ \text{tang}. x = \frac{2z}{1-z^2}.$$

Da $d.\sin. x = \cos. x . dx$ ist, so ist

$$(5)\ \frac{d.\sin. x}{dx} = \frac{d\left(\frac{2z}{1+z^2}\right)}{dz} = \frac{2(1-z^2)}{(1+z^2)^2} = \cos. x \text{ und}$$

$$(6)\ \frac{dx}{dz} = \frac{2(1-z^2)}{(1+z^2)^2} : \frac{1-z^2}{1+z^2} = \frac{2}{1+z^2} \text{ vergl. (2).}$$

Mittelst der oben in (1) angegebenen Substitution kann man also nicht nur die trigonometrischen Linien von x, sondern auch dx rational in Bezug auf z ausdrücken.

Auf diese Weise erhält man z. B. für

$$\int \frac{1}{a+b\cos. x+c\sin. x} = \int \frac{2}{(1+z^2)\left(a+b\frac{1-z^2}{1+z^2}+c\frac{2z}{1+z^2}\right)}$$
$$= \int \frac{2}{a+b+2cz+(a-b)z^2},$$

welches letztere Integral nach 3) und 4) des 42. §. gefunden werden kann, indem man z statt x, a+b statt α, 2c statt β und a—b statt γ setzt. Es ist dann, wenn für z zugleich sein Werth tang. $\frac{1}{2}$x gesetzt wird, das gesuchte Integral für $c^2 > a^2 - b^2$

$$19)\ = \frac{1}{\sqrt{(c^2-a^2+b^2)}} \log. \frac{\sqrt{(c^2-a^2+b^2)}-c-(a-b)\text{tang}.\frac{1}{2}x}{\sqrt{(c^2-a^2+b^2)}+c+(a-b)\text{tang}.\frac{1}{2}x};$$

und für $c^2 < a^2 - b^2$

$$20)\ = \frac{\sqrt{(a^2-b^2-c^2)}}{1} \text{arc. tang.} \frac{c+(a-b)\text{tang}.\frac{1}{2}x}{\sqrt{(a^2-b^2-c^2)}}.$$

Aus 19) erhält man für $c = 0$, das ist für $b > a$,

$$21) \int \frac{1}{a+b\cos. x} = \frac{1}{\sqrt{(b^2-a^2)}} \log. \frac{\sqrt{(b^2-a^2)}-(a-b)\text{tg}.\frac{1}{2}x}{\sqrt{(b^2-a^2)}+(a-b)\text{tg}.\frac{1}{2}x}$$

und aus 20) für $c = 0$, das ist für $b < a$,

$$22) \int \frac{1}{a+b\cos.x} = \frac{1}{\sqrt{(a^2-b^2)}} \text{arc. tang.} \frac{(a-b)\text{tang.}\frac{1}{2}x}{\sqrt{(a^2-b^2)}}.$$

Ist $b = a$, so hat man

$$\frac{1}{a+a\cos.x} = \frac{1}{a(1+\cos.x)} = \frac{1}{a.2\cos.^2\frac{1}{2}x},$$

folglich nach 11) im 40. §.

$$23) \int \frac{1}{a(1+\cos.x)} = \frac{1}{a}\text{tang.}\frac{1}{2}x.$$

Um das Integral von $\frac{1}{(a+b\cos.x)^n}$ zu finden, setze man $a+b\cos.x = z$, so ist $-\frac{b\sin.x}{dx} = \frac{d.z}{dz} = 1$, folglich $\frac{dx}{dz} = \frac{-1}{b\sin.x}$. Nun ist $\sin.x = \sqrt{(1-\cos.^2x)}$

$$= \sqrt{\left(1-\left(\frac{z-a}{b}\right)^2\right)} = \frac{1}{b}\sqrt{(b^2-a^2+2az-z^2)},$$

folglich $\frac{dx}{dz} = \frac{-1}{\sqrt{(b^2-a^2+2az-z^2)}}$, also

$$24) \int \frac{1}{(a+b\cos.x)^n} = -\int \frac{1}{z^n\sqrt{(b^2-a^2+2az-z^2)}},$$

welches letztere Integral nach frühern Formeln gefunden werden kann.

Setzt man in 24) $n = 1$, so erhält man 7), 8) und 9) des 43. §.

$$25) \int \frac{1}{a+b\cos.x}$$

$$= \frac{1}{\sqrt{(b^2-a^2)}} \log. \frac{2\sqrt{(b^2-a^2)}\sqrt{(b^2-a^2+2az-z^2}-2(b^2-a^2+az))}{z}$$

für $b > a$,

$$26) = -\frac{1}{\sqrt{(a^2-b^2)}} \text{arc. cos.} \frac{2az-2(a^2-b^2)}{z\sqrt{(4(b^2-a^2)+4a^2)}}$$

für $b < a$ und

$$27) = -\frac{2}{2az}\sqrt{(2az-z^2)} \text{ für } b = a.$$

§. 54.

Reduktionsformeln für Kreisfunktionen

Es bedeute u den Bogen, dessen trigonometrische Linie gleich x ist (also in Zeichen $u = \text{arc. tr. } \mathfrak{L} (= x)$), folglich $u' = \frac{d . \text{arc. tr. } \mathfrak{L} (= x)}{dx}$. Setzt man ferner $v' = P$, also $v = \int P$, wo P eine algebraische Funktion von x ist, so hat man nach der Hauptreduktionsformel

$$1)\ \int P . \text{arc. tr. } \mathfrak{L} (= x) = \text{arc. tr. } \mathfrak{L} (= x) . \int P - \int \frac{d . \text{arc. tr. } \mathfrak{L} (= x) . \int P}{dx}.$$

Ist nun $P = x^n$, so hat man nach 1) der Reihe nach für die trigonometrischen Linien mit Rücksicht auf §. 19

$$2)\ \int x^n . \text{arc. sin. } x = \frac{\text{arc. sin. } x . x^{n+1}}{n+1} - \frac{1}{n+1} \int \frac{x^{n+1}}{\sqrt{(1-x^2)}},$$

$$3)\ \int x^n . \text{arc. cos. } x = \frac{\text{arc. cos. } x . x^{n+1}}{n+1} + \frac{1}{n+1} \int \frac{x^{n+1}}{\sqrt{(1-x^2)}},$$

$$4)\ \int x^n . \text{arc. tg. } x = \frac{\text{arc. tg. } x . x^{n+1}}{n+1} - \frac{1}{n+1} \int \frac{x^{n+1}}{1+x^2},$$

$$5)\ \int x^n . \text{arc. cotg. } x = \frac{\text{arc. cotg. } x . x^{n+1}}{n+1} + \frac{1}{n+1} \int \frac{x^{n+1}}{1+x^2},$$

$$6)\ \int x^n . \text{arc. sec. } x = \frac{\text{arc. sec. } x . x^{n+1}}{n+1} - \frac{1}{n+1} \int \frac{x^n}{\sqrt{(x^2-1)}},$$

$$7)\ \int x^n . \text{arc. cosec. } x = \frac{\text{arc. cosec. } x . x^{n+1}}{n+1} + \frac{1}{n+1} \int \frac{x^n}{\sqrt{(x^2-1)}}$$

u. s. w., wo die summatorischen Glieder nach früheren Formeln in einer endlichen Reihe von Gliedern gefunden werden können, wenn n eine positive ganze Zahl ist. Denn setzt man in 1) des 44. §. $\alpha = 1$, $\beta = 0$, $\gamma = -1$, so erhält man

$$8) \int \frac{x^m}{\sqrt{(1-x^2)}} = - \frac{x^{m-1}\sqrt{(1-x^2}}{m} + \frac{m-1}{m} \int \frac{x^{m-2}}{\sqrt{(1-x^2)}},$$

wonach die summatorischen Glieder von 2) und 3) reduzirt werden können und zwar, wenn m oder $n+1$ gerade ist, auf $\int \frac{x^0}{\sqrt{(1-x^2)}} = \text{arc. sin. } x$ nach 1) des 39. §., und wenn m oder n+1 ungerade ist, auf $\int \frac{x}{\sqrt{(1-x^2)}} = -\sqrt{(1-x^2)}$ nach der zweiten Integrationsregel.

Setzt man in 4) des 47. §. $a = 1$, $b = 1$, $n = 2$ und $p = -1$, so erhält man

$$9) \int \frac{x^m}{1+x^2} = \frac{x^{m-1}}{m-1} + \int \frac{x^{m-2}}{1+x^2},$$

wonach die summatorischen Glieder von 4) und 5) reduzirt werden können und zwar, wenn m oder n + 1 gerade ist, auf $\int \frac{x^0}{1+x^2} = \text{arc. tang.}\, x$ nach 3) des 39. §., und wenn m oder n + 1 ungerade ist, auf $\int \frac{x}{1+x^2} = \frac{1}{2} \log.(1+x^2)$ nach der zweiten Integrationsregel.

Setzt man in 1) des 44. §. $\alpha = -1$, $\beta = 0$, $\gamma = 1$, so erhält man

$$10) \int \frac{x^m}{\sqrt{(x^2-1)}} = \frac{x^{m-1}\sqrt{(x^2-1)}}{m} + \frac{m-1}{m}\int \frac{x^{m-2}}{\sqrt{(x^2-1)}},$$

wonach die summatorischen Glieder von 6) und 7) reduzirt werden können und zwar, wenn m oder n gerade ist, auf

$\int \frac{x^0}{\sqrt{(x^2-1)}} = \log.(x + \sqrt{(x^2-1)})$ nach 3) des 43. §., und wenn m oder n ungerade ist, auf

$\int \frac{x}{\sqrt{(x^2-1)}} = \sqrt{(x^2-1)}$ nach der zweiten Integrationsregel.

1. Zusatz. Setzt man in 2) des 44. §. $\alpha = 1$, $\beta = 0$, $\gamma = -1$, so erhält man

$$11) \int \frac{1}{x^m\sqrt{(1-x^2)}} = -\frac{\sqrt{(1-x^2)}}{(m-1)x^{m-1}} + \frac{m-2}{m-1}\int \frac{1}{x^{m-2}\sqrt{(1-x^2)}}.$$

Für $m = 1$ ist diese Formel unbrauchbar, alsdann aber ist, für $\sqrt{(1-x^2)} = z$,

$$\int \frac{1}{x\sqrt{(1-x^2)}} = -\int \frac{1}{1-z^2} = -\frac{1}{2}\log.\frac{1+z}{1-z},$$

folglich

$$12) \int \frac{1}{x\sqrt{(1-x^2)}} = -\tfrac{1}{2}\log.\frac{1+\sqrt{(1-x^2)}}{1-\sqrt{(1-x^2)}}$$

$$= -\tfrac{1}{2}\log.\left(\frac{1+\sqrt{(1-x^2)}}{x}\right)^2 = -\log.\left(\frac{1+\sqrt{(1-x^2)}}{x}\right),$$

welches sich auch aus 7) des 43. §. ergibt.

Setzt man in 10) $-m+2$ statt m, so erhält man

$$13) \int \frac{1}{x^m\sqrt{(x^2-1)}} = \frac{\sqrt{(x^2-1)}}{(m-1)x^{m-1}} + \frac{m-2}{m-1}\int \frac{1}{x^{m-2}\sqrt{(x^2-1)}}.$$

Für $m=1$ ist diese Formel unbrauchbar; alsdann ist aber nach 5) des 39. §.

$$14) \int \frac{1}{x\sqrt{(x^2-1)}} = \text{arc. sec. } x = -\text{arc. sin. } \frac{1}{x};$$

denn setzt man in $\int \frac{1}{\sqrt{(1-x^2)}} = \text{arc. sin. } x$, $\frac{1}{z}$ statt x, folglich $\frac{dx}{dz} = -\frac{1}{z^2}$, so ist $\int \frac{1}{\sqrt{(1-x^2)}} = \int \frac{1}{z^2\sqrt{\left(1-\frac{1}{z^2}\right)}} = -\int \frac{1}{z\sqrt{(z^2-1)}}$ $= \text{arc. sin. } \frac{1}{z}$, folglich, wenn man statt z wieder x setzt,

$$15) \int \frac{1}{x\sqrt{(x^2-1)}} = -\text{arc. sin. } \frac{1}{x}.$$

§. 52.

Fortsetzung.

Bedeutet (tr. L. x) eine trigonometrische Linie des Bogens x und setzt man in der Hauptreduktionsformel

$v' = \text{tr. L. } x$, $\quad u = x^n$, folglich
$v = \int \text{tr. L. } x$ und $u' = nx^{n-1}$, so ist

$$1) \int x^n (\text{tr. L. } x) = x^n \int \text{tr. L. } x - n\int x^{n-1}.\int \text{tr. L. } x.$$

Setzt man aber $v' = x^n$, $u = \text{tr. L. } x$, folglich

$$v = \frac{x^{n+1}}{n+1} \text{ und } u' = \frac{d.(\text{tr. L. } x)}{dx},$$

und nimmt dann n negativ, so erhält man

$$2) \int \frac{\text{tr. L. } x}{x^n} = -\frac{\text{tr. L. } x}{(n-1)x^{n-1}} + \frac{1}{n-1}\int \frac{d.(\text{tr. L. } x)}{dx.x^{n-1}}.$$

Anmerkung. Sowohl 1) als 2) geben, wenn eine positive ganze Zahl ist, eine endliche Anzahl von Gliedern.

1. Zusatz. Setzt man (tr L. x) = sin. x, so erhält man durch wiederholte Anwendung von 1)

$$\int x^n . \sin . x = - x^n . \cos . x + n \int x^{n-1} . \cos . x,$$
$$\int x^{n-1} . \cos . x = x^{n-1} . \sin . x - (n-1) \int x^{n-2} . \sin . x,$$
$$\int x^{n-1} . \sin . x = - x^{n-2} . \cos . x + (n-2) \int x^{n-2} . \cos . x$$

u. s. w., bis man zuletzt entweder auf $\int x^0 \sin . x$ oder $\int x^0 . \cos . x$ kommt, welche bekannt sind.

Substituirt man die nach 1) gefundenen Werthe der Reihe nach, so erhält man

$$3) \int x^n . \sin . x = - x^n . \cos . x + n x^u \sin . x + n(n-1) x^{n-2} . \cos . x$$
$$- n(n-1)(n-2) x^{n-3} . \sin . x + \ldots .$$

Setzt man (tr. L. x) = cos. x, so erhält man durch wiederholte Anwendung von 1)

$$4) \int x^n . \cos . x = x^n \sin . x + n x^{n-1} . \cos . x - n(n-1) x^{n-2} \sin . x$$
$$- n(n-1)(n-2) x^{n-3} . \cos . x + \ldots .$$

Durch die Substitution derselben Werthe für (tr. L. x) in 2) erhält man

$$5) \int \frac{\sin . x}{x^n} = - \frac{\sin . x}{(n-1) x^{n-1}} - \frac{\cos . x}{(n-1)(n-2) x^{n-2}}$$
$$- \frac{1}{(n-1)(n-2)} \int \frac{\sin . x}{x^{n-2}} \text{ und}$$

$$6) \int \frac{\cos . x}{x^n} = - \frac{\cos . x}{(n-1) x^{n-1}} + \frac{\sin . x}{(n-1)(n-2) x^{n-2}}$$
$$- \frac{1}{(n-1)(n-2)} \int \frac{\cos . x}{x^{n-2}} .$$

§. 53.

Integration durch die Maclaurinsche Reihe.

Setzt man $y = \int X$, wo X eine beliebige Funktion von x ist, so ist $p = \frac{dy}{dx} = X$, $q = \frac{dp}{dx} = \frac{d.X}{dx}$. $r = \frac{dq}{dx} = \frac{d^2 . X}{dx^2}$ u. s. w. Substituirt man diese Werthe in die Maclaurinsche Reihe, so erhält man

$$1)\ \int X = \int X_{x=0} + x.p_{x=0} + \frac{x^2}{1.2}.q_{x=0} + \frac{x^3}{2.3}.r_{x=0} + \ldots,$$

wo p, q, r etc. aus $p = X$ gefunden werden können.

Zusatz. Bei der Auflösung der Differenzial-Koeffizienten in Reihen ist es nicht nothwendig, daß die Glieder derselben Monome sind, sondern es genügt, diesen Gliedern eine solche Form zu geben, daß sie nach bekannten Formeln integrirt werden können. Um z. B. das Integral von $\frac{\sqrt{(1-e^2x^2)}}{\sqrt{(1-x^2)}}$ zu entwickeln, verwandelt man nach dem binom. Lehrsatze $\sqrt{(1-e^2x^2)}$ in die Reihe

$$1 - \tfrac{1}{2}e^2x^2 - \frac{1}{2.4}e^4x^4 - \frac{1.3}{2.4.6}e^6x^6 - \ldots$$

und setzt dann

$$2)\ \int\frac{\sqrt{(1-e^2x^2)}}{\sqrt{(1-x^2)}} = \int\frac{1}{\sqrt{(1-x^2)}} - \tfrac{1}{2}e^2\int\frac{x^2}{\sqrt{(1-x^2)}}$$

$$- \frac{1}{2.4}e^4\int\frac{x^4}{\sqrt{(1-x^2)}} - \ldots,$$

wo die einzelnen Integrale nach dem früher für $\int\frac{x^n}{\sqrt{(1-x^2)}}$ gefundenen Ausdruck gefunden werden können, wenn man in demselben für n nach und nach die Werthe 0, 2, 4, 6 etc. setzt.

§. 54.

Integration durch die Bernoullische Reihe.

Multiplizirt man einen gegebenen Differenzial-Koeffizienten p mit einer Funktion von x, z. B. mit M, und setzt dann nach der Hauptreduktionsformel $u = p$, $v' = M$, folglich

$$u' = \frac{dp}{dx} = q \quad \text{und} \quad v = \int M,$$

so erhält man durch Substitution dieser Werthe in die Haupt-Reduktionsformel

$$1)\ \int p.M = p\int M - \int q\int M.$$

Durch wiederholte Anwendung dieser Formel erhält man

$$2) \int p \cdot x^0 = \int p = px - \int q \cdot x,$$

$$\int qx = q \cdot \frac{x}{2} - \tfrac{1}{2}\int rx^2,$$

$$\int rx^2 = r \cdot \frac{x^2}{3} - \tfrac{1}{3}\int s \cdot x^3,$$

$$\int s \cdot x^3 = s \cdot \frac{x^4}{4} - \tfrac{1}{4}\int t \cdot x^4 \text{ etc.}$$

Substituirt man diese Werthe nach und nach in 2), so erhält man

$$3) \int p = px - q \cdot \frac{x^2}{2} + \frac{r \cdot x^3}{2.3} - \frac{s \cdot x^4}{2.3.4} + \ldots,$$

welches die von Johann Bernoulli zuerst aufgestellte Reihe ist, nach welcher aus dem gegebenen p die folgenden Differenzial-Koeffizienten q, r, s etc. gefunden werden können.

---

§. 55.

Rektifikation der Kurven.

Aus $\frac{d\varphi}{dx} = (1+p^2)^{\frac{1}{2}}$ folgt für einen beliebigen Bogen

$$1) \quad \varphi = \int (1+p^2)^{\frac{1}{2}} + C,$$

wo C die jedem Integrale hinzuzufügende Konstante ist.

Nach 1) erhält man nun die Länge des Bogens φ im Linearmaß, wenn man aus der Kurvengleichung p^2 und nach erfolgter Substitution die Konstante C aus einem solchen Werthe der Koordinaten bestimmt, für welchen der Bogen Null wird.

Beispiele.

1. Kreis.

a) Durch seine Gleichung $y^2 = 2rx - x^2$, in welcher die Abscissen vom Anfangspunkte des Durchmessers genommen sind.

Es ist $2ydy = (2r - 2x)dx$, folglich $\frac{dy}{dx} = \frac{r-x}{y}$, also

$$p^2 = \frac{(r-x)^2}{2rx - x^2}.$$

Dieser Werth in 1) substituirt, gibt

$$\varphi = r\int\frac{1}{\sqrt{(2rx - x^2)}} + C,$$

welches Integral nach 6) des 43. §. genau gefunden werden kann, indem $\alpha = 0$, $\beta = 2r$, $\gamma = 1$ ist, folglich

$$2)\quad \varphi = r \,.\, \text{arc. sin.} \frac{x - r}{r} + C,$$

Um C zu bestimmen, setze man $x = 0$, so ist $\varphi = 0$,

$$\text{arc. sin.} \frac{0 - r}{r} = -\,\text{arc. sin.}\, 1 = -\frac{\pi}{2}, \text{ folglich nach 2)}$$

$$0 = -\frac{r\pi}{2} + + C, \text{ d. i. } C = \frac{r\pi}{2}, \text{ also ist}$$

$$3)\quad \varphi = r \,.\, \text{arc. sin.} \frac{x - r}{r} + \frac{r\pi}{2}.$$

Ist nun $x = 2r$, so bedeutet φ die halbe Peripherie, und diese ist, da $r \,.\, \text{arc. sin.} \frac{2r - r}{r} = r \,.\, \text{arc. sin.}\, 1 = \frac{r\pi}{2}$, dann nach 3)

$$\frac{r\pi}{2} + \frac{r\pi}{2} = r\pi,$$

folglich erhält man für die ganze Peripherie

$$\varphi = 2r\pi.$$

b) Durch seine Mittelpunktsgleichung $y^2 = a^2 - x^2$.

Es ist $2ydy = -2xdx$, folglich $\frac{dy}{dx} = p = -\frac{x}{y}$, folglich

$$p^2 = \frac{x^2}{a^2 - x^2}.$$

Dieser Werth in 1) substituirt, gibt

$$\varphi = a\int\frac{1}{\sqrt{(a^2 - x^2)}} + C,$$

welches Integral nach 4) des 40. §. gefunden werden kann, indem a^2 statt a und 1 statt b zu setzen ist. Man erhält dadurch

$$4)\quad \varphi = a \,.\, \text{arc. sin.} \frac{x}{a} + C.$$

8*

Um C zu bestimmen, setze man jetzt $x = 0$, so ist $\varphi = 0$, arc. sin. $0 = 0$, folglich nach 4) $0 = 0 + C$, also $C = 0$.

Ist nun $x = a = r$, so erhält man nach 4) für den vierten Theil der Peripherie

$$\varphi = \frac{r\pi}{2},$$

folglich für die ganze Peripherie

$$\varphi = 2r\pi.$$

wie vorher.

2. Parabel.

a. Neilsche, deren Gleichung $y^2 = ax^3$ ist.

Es ist $2ydy = 3ax^2 dx$, folglich $\frac{dy}{dx} = p = \frac{3ax^2}{2\sqrt{ax^3}}$, also $p^2 = \frac{9}{4}ax$, welches, in 1) substituirt, gibt

$$\varphi = \int(1 + \tfrac{9}{4}ax)^{\frac{1}{2}} + C,$$

welches Integral nach der zweiten Integrationsregel

$$= \frac{(1+\frac{9}{4}ax)^{\frac{3}{2}}}{\frac{3}{2}\cdot\frac{9}{4}a} = \frac{8}{27a}(1+\tfrac{9}{4}ax)^{\frac{3}{2}} \text{ ist, und daher}$$

$$5)\quad \varphi = \frac{8}{27a}(1+\tfrac{9}{4}ax)^{\frac{3}{2}} + C.$$

Da der Scheitel dieser Kurven im Anfangspunkte der Koordinaten liegt, folglich für $x = 0$, auch $\varphi = 0$ wird, so erhält man für $x = 0$ aus 5)

$$C = -\frac{8}{27a} \text{ und daher für die Neilsche Parabel}$$

$$6)\quad \varphi = \frac{8}{27a}((1 + \tfrac{9}{4}ax)^{\frac{3}{2}} - 1).$$

b. Apollonische, deren Gleichung $y^2 = ax$ ist.

Aus der Gleichung folgt $\frac{dx}{dy} = \frac{1}{p} = \frac{2y}{a}$, also $\frac{1}{p^2} = \frac{4y^2}{a^2}$, folglich, da hier x zur abhängig Veränderlichen gemacht ist,

$$\varphi = \int\left(1 + \frac{4y^2}{a^2}\right)^{\frac{1}{2}} + C,$$

wo aber C = 0 ist, weil für y = 0 auch $\varphi = 0$ und das Integral = 0 ist. Für jeden andern Werth von y erhält man nach 13) des 47. §., indem a = 1, $b = \frac{4}{a^2}$ und y = x ist.

$$7)\ \varphi = \tfrac{1}{2}y\sqrt{\left(1+\frac{4y^2}{a^2}\right)} + \frac{a}{4}\log.\left[\frac{2y}{a} + \sqrt{\left(1+\frac{4y^2}{a^2}\right)}\right]$$

für die Apollonische Parabel.

3. Ellipse,

durch ihre Gleichung $y^2 = \frac{b^2}{a^2}(a^2 - x^2)$ aus dem Mittelpunkte, die Abscissen auf der großen Axe (2a) genommen.

Es ist $y = \frac{b}{a}(a^2 - x^2)^{\frac{1}{2}}$ und daher $\frac{dy}{dx} = p$

$= -\frac{b}{a}(a^2 - x^2)^{-\frac{1}{2}}.x$, und daher

$$1 + p^2 = 1 + \frac{b^2}{a^2}\cdot\frac{x^2}{(a^2 - x^2)} = \frac{a^4 - a^2x^2 + b^2x^2}{a^2(a^2 - x^2)}$$

$$= \frac{a^4 - x^2(a^2 - b^2)}{a^2(a^2 - x^2)} = \frac{a^4 - e^4x^2}{a^2(a^2 - x^2)},$$

weil die Exzentrizität $e = \sqrt{(a^2 - b^2)}$ ist. Setzt man nun a = 1, so erhält man

$$\varphi = \int(1 + p^2)^{\frac{1}{2}} = \int\frac{\sqrt{(1 - e^2x^2)}}{\sqrt{(1 - x^2)}},$$

oder wenn man statt x setzt az, folglich $\frac{dx}{dz} = a$ ist, so erhält man, wenn zugleich statt z wieder x gesetzt wird,

$$8)\ \varphi = a\int\frac{\sqrt{(1 - e^2x^2)}}{\sqrt{(1 - x^2)}} + C,$$

welches Integral nach 2) des 53. §. gefunden werden kann, nämlich

$$\varphi = a\int\frac{1}{\sqrt{(1-x^2)}} - \tfrac{1}{2}ae^2\int\frac{x^2}{\sqrt{(1-x^2)}} - \frac{ae^4}{2.4}\int\frac{x^4}{\sqrt{(1-x^2)}}$$

$$- \frac{1.1.3.a.e^6}{2.4.6}\int\frac{x^6}{\sqrt{(1-x^2)}} - \ldots.$$

Diese einzelnen Integrale können mit Ausnahme des ersten,

welches aber bekanntlich = arc. sin. x ist, nach 8) des 51. §. gefunden werden, wonach

$$\int \frac{x^m}{\sqrt{(1-x^2)}} = -\frac{x^{m-1}\sqrt{(1-x^2)}}{m} + \frac{m-1}{m}\int \frac{x^{m-2}}{\sqrt{(1-x^2)}}$$

ist, so daß also, wenn der Reihe nach $m = 2, 4, 6 \ldots$. und arc. sin. $x = A$ gesetzt wird, ist

$$\int \frac{1}{\sqrt{(1-x^2)}} = \text{arc. sin. } x = A,$$

$$\int \frac{x^2}{\sqrt{(1-x^2)}} = -\frac{x\sqrt{(1-x^2)}}{2} + \tfrac{1}{2}A,$$

$$\int \frac{x^4}{\sqrt{(1-x^2)}} = -\frac{x^3\sqrt{(1-x^2)}}{4} + \frac{3}{4}\int \frac{x^2}{\sqrt{(1-x^2)}}$$

$$= -\left(\frac{x^3}{4} + \frac{1.3}{2.4}x\right)\sqrt{(1-x^2)} + \frac{1.3}{2.4}A,$$

$$\int \frac{x^6}{\sqrt{(1-x^2)}} = -\left(\frac{x^5}{6} + \frac{1.5}{4.6}x^3 + \frac{1.3.5}{2.4.6}x\right)\sqrt{(1-x^2)}$$

$$+ \frac{1.3.5}{2.4.6}A \text{ etc.}$$

Werden diese Werthe für die einzelnen Integrale in den obigen Ausdruck für φ substituirt, so erhält man

$$\varphi = aA + \tfrac{1}{2}ae^2\left[\tfrac{1}{2}x\sqrt{(1-x^2)} - \tfrac{1}{2}A\right]$$

$$+ \frac{1.1}{2.4}ae^4\left[\left(\frac{x^3}{4} + \frac{1.3}{2.4}x\right)\sqrt{(1-x^2)} - \frac{1.3}{2.4}A\right] + \ldots + C,$$

Setzt man hierin c statt ae oder $\frac{c}{a}$ statt e und $\frac{x}{a}$ statt x, so erhält man

$$9)\ \varphi = aA + \frac{c^2}{2a}\left[\frac{x}{2a}\sqrt{\left(1-\frac{x^2}{a^2}\right)} - \tfrac{1}{2}A\right]$$

$$+ \frac{1.1.c^2}{2.4.a^3}\left[\left(\frac{x^3}{4a^3} + \frac{1.3\ x}{2.4.a}\right)\sqrt{\left(1-\frac{x^2}{a^2}\right)} - \frac{1.3}{2.4}A\right] + \ldots + C,$$

wo A für arc. sin. $\frac{x}{a}$ steht.

Ist nun $x = 0$, so wird auch $C = 0$. Ist $x = a$, so ist, wenn U den Umfang der Ellipse bedeutet,

$$\varphi = \tfrac{1}{4}U,\quad A = \text{arc. sin. } \frac{x}{a} = \frac{\pi}{2},\quad \sqrt{\left(1-\frac{x^2}{a^2}\right)} = 0$$

und daher

$$10)\quad U = 2a\pi\left[1 - \left(\frac{1.c}{2.a}\right)^2 - \frac{1}{3}\left(\frac{1.3.c^2}{2.4.a^2}\right)^2 - \frac{1}{5}\left(\frac{1.3.5.c^3}{2.4.6.a^2}\right)^2 - \frac{1}{7}\left(\frac{1.3.5.7.c^4}{2.4.6.8.a^4}\right)^2 - \ldots\right].$$

Diese Reihe konvergirt gut, wenn die Exzentrizität $\frac{c}{a} = e$ sehr klein ist. — Für $e = \frac{c}{a} = 0$ oder, was dasselbe ist, für $a = b$, indem $e^2 = a^2 - b^2$ ist, verwandelt sich diese Ellipse in einen Kreis vom Halbmesser a, und man hat dann aus 10)

$$U = 2a\pi,$$

welches genau mit dem aus 3) gefundenen Werthe für die ganze Kreisperipherie übereinstimmt.

Zusatz. Der elliptische Bogen kann durch den entsprechenden Bogen eines über der großen Axe beschriebenen Kreises ausgedrückt werden. Fig. 7.

Denn ist $\angle DCM = s$, $CB = a$ der halben großen Axe der über AB beschriebenen Ellipse AEB, $CP = x$, $DCM = s$ ein Centriwinkel des über AB beschriebenen Kreises ADB; so ist $CP = CM . \sin. s$ oder $x (= Mp) = a . \sin. s$, folglich

$$s = \text{arc.}\sin.\frac{x}{a} \text{ und } \frac{ds}{dx} = \frac{1}{\sqrt{(a^2 - x^2)}},$$

also, für $a = 1$, $\frac{dx}{ds} = \sqrt{(1 - x^2)}$.

Werden diese Werthe in die Gleichung 8) gesetzt, so erhält man

$$\varphi = a\int\sqrt{(1 - e^2 \sin.^2 s)},$$

welches Integral ebenfalls nur durch eine unendliche Reihe ausgedrückt werden kann.

4. Hyperbel, durch ihre Gleichung $y^2 = \frac{b^2}{a^2}\sqrt{(x^2 - a^2)}$.

Es ist $\frac{dy}{dx} = p = \frac{-bx}{a\sqrt{(x^2 - a^2)}}$, folglich, wenn man $a^2 + b^2 = e^2$ setzt,

$$\varphi = \int\frac{\sqrt{(e^2 x^2 - a^4)}}{a\sqrt{(x^2 - a^2)}} + C \text{ oder für } a = 1$$

$$\varphi = \int\frac{\sqrt{(e^2 x^2 - 1)}}{\sqrt{(x^2 - 1)}} + C,$$

oder wenn $(e^2 x^2 - 1)^{\frac{1}{2}}$ in eine Reihe entwickelt wird,

$$\varphi = e\int\frac{x}{\sqrt{(x^2-1)}} - \frac{1}{2e}\int\frac{1}{x\sqrt{(x^2-1)}}$$

$$- \frac{1.1}{2.4.e^2}\int\frac{1}{x^3\sqrt{(x^2-1)}} - \ldots,$$

welche Integrale sämmtlich nach früheren Formeln gefunden werden können.

§. 56.

Quadratur der Kurven.

Eine Kurve **quadriren** heißt, die Fläche bestimmen, welche zwischen einem beliebigen Bogen der Kurve; den Koordinaten und der Abscissenaxe liegt. Gewöhnlich nimmt man aber die Fläche vom Scheitelpunkt der Kurve an.

Aus $\frac{ds}{dx} = y$ des 16. §. folgt

$$1)\ s = \int y + C.$$

Um also die bezeichnete Fläche der Kurve zu finden, darf man aus der Kurvengleichung nur y entwickeln, und von dem für y (in einer Funktion von x) gefundenen Werthe das Integral aufsuchen und endlich C für denjenigen Werth von x bestimmen, für welchen $s = 0$ ist.

Beispiele.

1. **Kreis**, a) durch seine Gleichung $y^2 = a^2 - x^2$. Es ist $y = \sqrt{(a^2 - x^2)}$, folglich $s = \int\sqrt{(a^2 - x^2)} + C$, also nach 14) des 47. §.

$$2)\ s = \frac{x}{2}\sqrt{(a^2 - x^2)} + \frac{a^2}{2}\,\text{arc. sin.}\frac{x}{a} + C,$$

wo $C = 0$ ist, wenn $x = 0$ ist, d. h. wenn die Fläche von der im Mittelpunkte errichteten Ordinate an gerechnet wird. Nimmt man nun die Fläche bis so weit, daß $x = a = r$ wird, so erhält man für die Fläche des Quadranten, indem $\text{arc. sin.}\frac{a}{a} = \frac{\pi}{2}$ ist, $s = \frac{r^2}{2}\cdot\frac{\pi}{2}$, folglich für die ganze Kreisfläche $s = r^2\pi$.

b) Durch seine Gleichung $y^2 = 2rx - x^2$. Es ist $y = \sqrt{(2rx - x^2)}$, folglich nach 11) des 47. §.

$$3)\ s = -\tfrac{1}{2}(r-x)\sqrt{(2rx - x^2)} - \frac{r^2}{2}\,\text{arc. sin.}\left(\frac{r-x}{r}\right) + C.$$

Für $x = 0$ ist $s = 0$, folglich $C = \frac{r^2}{2}\cdot\frac{\pi}{2}$. Nimmt man nun die Fläche so weit, daß $x = 2r$, d. h. dem Durchmesser gleich wird, so erhält man für die Fläche des Halbkreises

$$s = +\frac{r^2}{2}\cdot\frac{\pi}{2}+\frac{r^2}{2}\cdot\frac{\pi}{2}=\frac{r^2\pi}{2},$$

folglich für die ganze Kreisfläche, wie vorher, $s = r^2\pi$.

Zusatz. In 2) ist (Fig. 7)

$$\frac{x}{2}\sqrt{(a^2-x^2)} = \text{dem Dreieck CMp und}$$

$$\frac{a^2}{2}\text{ arc. sin. }\frac{x}{a} = \text{dem Sektor DCM.}$$

In 3) ist (Fig. 7) $\frac{1}{2}(r-x)\sqrt{(2rx-x^2)}$ = dem Dreieck CNQ und $\frac{r^2}{2}\text{ arc. sin. }\frac{r-x}{r}$ = dem Sektor ACN.

Denn $CMp = \frac{1}{2}xy = \frac{x}{2}\sqrt{(a^2-x^2)}$ und

$$DCM = \tfrac{1}{2}a\,.\,\text{Bogen DM} = \tfrac{1}{2}a\,.\,a\,.\,\text{Bogen sin. }\frac{x}{a}$$

$$= \frac{a^2}{2}\text{ arc. sin. }\frac{x}{a};$$

$$CNQ = \frac{CQ\,.\,NQ}{2} = \frac{r-x}{2} = \tfrac{1}{2}(r-x)\sqrt{(2rx-x^2)} \text{ und}$$

$$ACN = \tfrac{1}{2}r\,.\,\text{Bogen AN} = \frac{r^2}{2}\text{ arc. sin.}\left(\frac{r-x}{r}\right).$$

2. Parabel, Apollonische, deren Gleichung $y^2 = ax$ ist. (Fig. 8). Wegen $y = a^{\frac{1}{2}}x^{\frac{1}{2}}$ ist

$$s = \tfrac{2}{3}a^{\frac{1}{2}}x^{\frac{3}{2}} + C.$$

Für $x = 0$ ist auch $s = 0$ und daraus auch $C = 0$, folglich

$$s = \tfrac{2}{3}a^{\frac{1}{2}}x^{\frac{1}{2}}\,.\,x = \tfrac{2}{3}yx,$$

d. h. die Parabelfläche AEMP ist gleich $\frac{2}{3}$ von dem Rechtecke YP. Fig. 8.

Zusatz. Da die Parabelfläche AEMP $= \frac{2}{3}$YP ist, so folgt daraus, daß die Fläche YAEM $= \frac{1}{3}$YP und das Segment AEMB $= \frac{1}{6}$YP ist.

3. Ellipse, durch ihre Gleichung $y^2 = \frac{b^2}{a^2}(2ax - x^2)$, die Abscissen vom Scheitelpunkte an gerechnet.

Es ist $y = \frac{b}{a}\sqrt{(2ax-x^2)}$, folglich $s = \frac{b}{a}\int\sqrt{(2ax-x^2)}$.

Da nun $\int(2ax-x^2)$ die Fläche AQN darstellt, und die beiden Flächen AQN und AQn zu gleicher Zeit Null werden, d. h. das Integral in beiden Flächen einerlei Anfang hat; so ist, wenn $\int\sqrt{(2ax-x^2)}=G$ gesetzt wird,

$$AQn : AQN = \frac{b}{a}G : G = b : a.$$

Dieses konstante Verhältniß gilt nun für jede beliebige Abscisse; folglich ist, wenn die Abscisse $= 2a$ genommen wird,

$$AEBC : ADBC \left(= \tfrac{1}{2}f : \tfrac{1}{2}F\right) = b : a \text{ oder}$$
$$f : F = b : a, \text{ das ist}$$
$$f = \frac{b}{a}F = \frac{b}{a}a^2\pi = ab\pi.$$

Da nun $r = \sqrt{ab}$ die mittlere Proportionallinie zwischen a u. b, folglich $r^2\pi = ab\pi$ ist, so folgt hieraus, daß die Fläche einer Ellipse der Fläche eines Kreises gleich ist, dessen Radius die mittlere Proportionallinie zwischen den beiden Halbaxen der Ellipse ist.

4. Hyperbel, Apollonische, deren Gleichung $xy = a^2$ ist, bezogen auf ihre Asymptoten als Koordinatenaxen. Fig. 9.

Ist α nicht ein rechter Winkel, so ist noch mit $\sin.\alpha$ zu multipliziren und daher $y = \frac{a^2 \sin.\alpha}{x}$, folglich nach 1)

$$s = a^2 \sin.\alpha \int \frac{1}{x} = a^2 \sin.\alpha \log. x + C.$$

Beginnt nun die Hyperbelfläche mit BF und geht (Fig. 9.) dieselbe bis CG, so ist $s = 0$ für $x = AF = a$, folglich $C = -a^2 \sin.\alpha \log. a$ und daher ist, für $x = AG$,

$$\text{Hyperbelfläche } BCGF = s = a^2 \sin.\alpha \log. x - a^2 \sin.\alpha \log. a$$
$$\text{oder } s = a^2 \sin.\alpha \log. \frac{x}{a}$$
oder, wenn $a = 1$ gesetzt wird,
$$s = \sin.\alpha \log. x.$$

Zusatz. Wenn man die Hyperbelfläche von der Ordinate an rechnet, deren Abscisse $= 1$ ist, so verhalten sich diese Flächen, wie die Logarithmen der sie begrenzenden andern Ordinaten, bezogen auf ein Logarithmensystem, dessen Modul $= \sin.\alpha$ ist. — Wenn nun $\alpha = 90^\circ$, folglich $\sin.\alpha = 1$ und daher die Hyperbel eine gleichseitige ist; so sind jene Logarithmen die natürlichen, deren Basis $= e$ ist. Deshalb werden diese Logarithmrn auch hyperbolische genannt. — Wenn $\sin.\alpha = 0{,}43429\ldots.$ ist, so ist $\alpha = 25^\circ, 44', 24''$. Die Logarithmen sind dann die Brigg'schen, deren Basis $= 10$ ist.

§. 57.

Komplanation krummer Oberflächen.

Aus $\frac{dO}{dx} = 2\pi y \sqrt{(1+p^2)}$ des 21. §. 4) folgt die krumme Oberfläche eines Körpers, d. i.

$$1)\ O = 2\pi \int y \sqrt{(1+p^2)} + C \text{ oder } 2)\ O = 2\pi \int \frac{y.d\varphi}{dx} + C.$$

Nach dieser Formel erhält man den Flächeninhalt einer krummen Oberfläche, wenn man das aus der Kurvengleichung zu bestimmende y und p^2 substituirt, sodann integrirt und endlich aus dem Werthe von x, für welchen $O = o$ wird, C bestimmt.

Beispiel.

Kugeloberfläche. Die Kugeloberfläche ist die Umdrehungsfläche der Kreislinie, daher ist als Kurvengleichung zu nehmen $y^2 = 2rx - x^2$, aus welcher folgt $p^2 = \frac{(r-x)^2}{y^2}$, $\sqrt{(1+p^2)} = \frac{rx^0}{y}$ und daher nach 1) für die Kugeloberfläche

$$O = 2\pi \int \frac{y.r.x^0}{y} = 2\pi rx + C.$$

Für $x = 0$ ergibt sich auch $C = 0$; für $x = 2r$ erhält man die ganze Kugeloberfläche

$$O = 4r^2\pi.$$

Zusatz. Bezeichnet man den Bogen, dessen Sinus $= y$ ist, mit φ, so ist $y = \sin.\varphi$, welches in 2) substituirt gibt

$$O = 2\pi \int \frac{\sin.\varphi.d\varphi}{dx} = -2\pi \int \frac{d.\cos.\varphi}{dx},$$

daher auch für die Kugeloberfläche

$$O = -2\pi \cos.\varphi + C.$$

Ist nun $\varphi = 0$, so ist auch $O = 0$, aber $\cos.\varphi = 1$, folglich $C = 2\pi$ und daher

$$O = 2\pi(1 - \cos.\varphi) = 2r\pi x \text{ für } \alpha = 1.$$

Für $x = 2r$ ist demnach, wie vorher, die ganze Kugeloberfläche

$$O = 4r^2\pi.$$

§. 58.

Kubatur der Körper mit krummer Oberfläche.

Aus $\frac{dK}{dx} = \pi y^2$ des 22. §. 1) folgt für den kubischen Inhalt der Körper mit gekrümmter Oberfläche.

$$1)\ K = \pi \int y^2 + C.$$

Nach dieser Formel erhält man den Kubikinhalt eines Körpers, dessen Oberfläche durch Umdrehung einer Kurve um ihre Abscissenaxe entsteht, wenn man aus der Gleichung dieser Kurve zuerst y^2 durch die zugehörige Funktion von x ausdrückt und sodann die Konstante C durch einen Werth von x bestimmt, für welchen $K = 0$ wird.

Beispiel.

Kugelinhalt. Die Gleichung der Kurve (des Kreises), durch deren Umdrehung um die Abscissenaxe die Kugel erzeugt wird, ist

$$y^2 = 2rx - x^2,$$

folglich nach 1) der kubische Inhalt eines Kugelstücks

$$K = \pi \int 2rx - \pi \int x^2 = \pi r x^2 - \frac{\pi x^3}{3} + C.$$

Für $x = 0$ ist $K = 0$ und auch $C = 0$, also für jeden andern Werth von x

$$K = \pi r x^2 - \frac{\pi x^3}{3}.$$

Setzt man $x = 2r$, so erhält man den ganzen Kugelinhalt

$$K = 4\pi r^3 - \frac{8\pi r^3}{3} = \tfrac{4}{3} r^3 \pi.$$

Fig. 1.

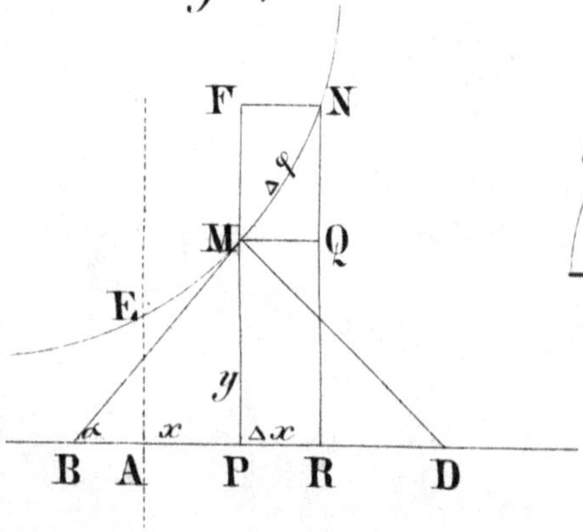

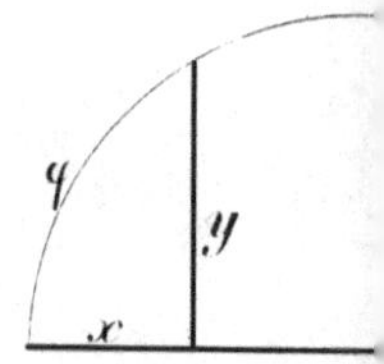

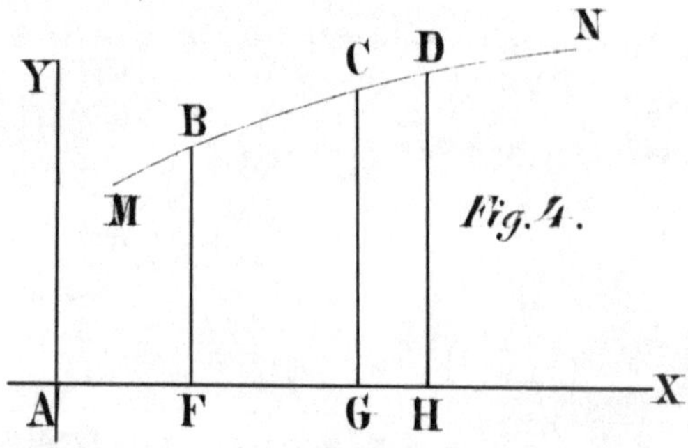

Fig. 4.

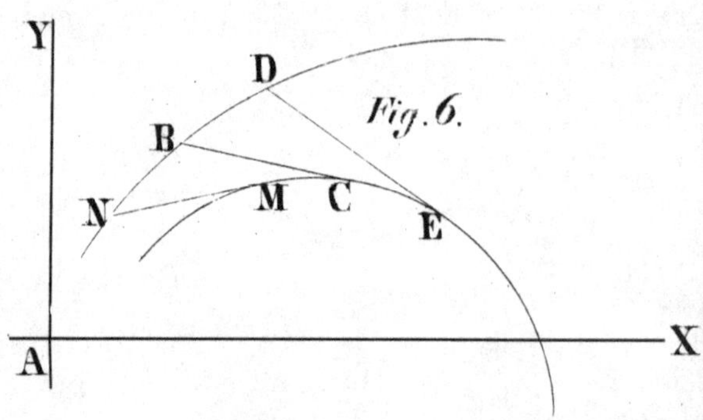

Fig. 6.

Fig 8

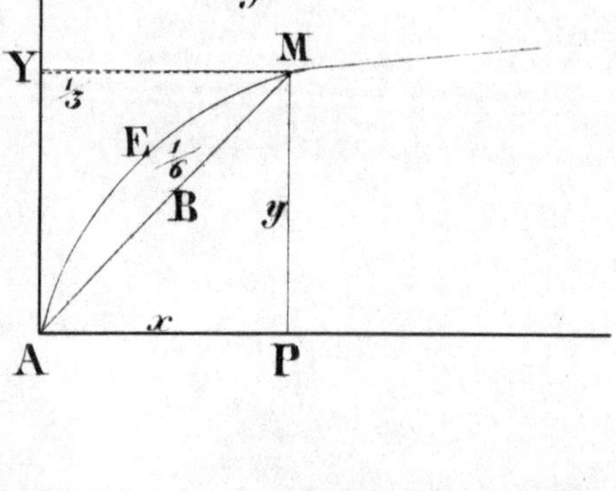

Fig. 3.

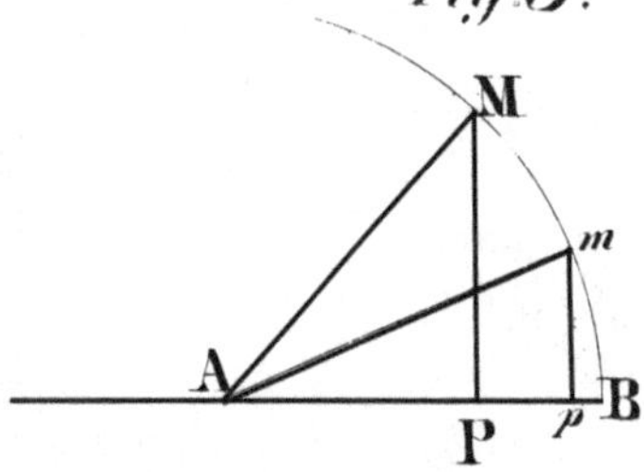

Fig. 5.

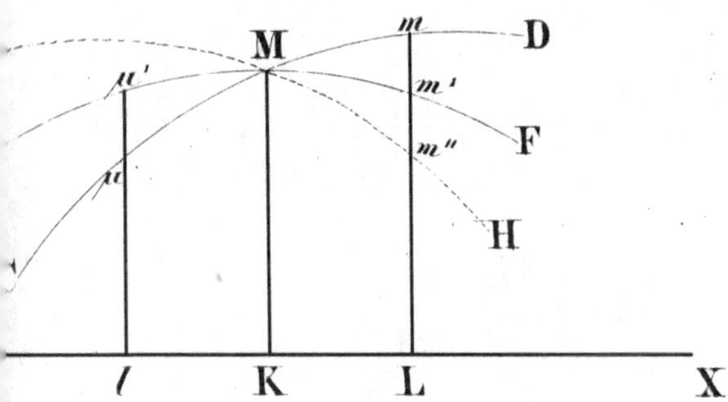

Fig. 7.

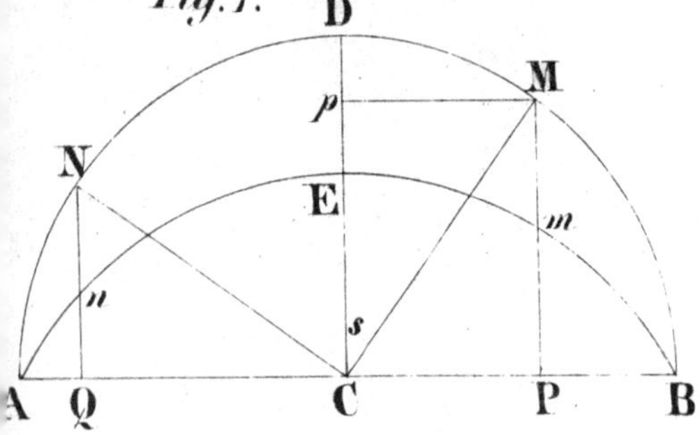

Fig. 9.

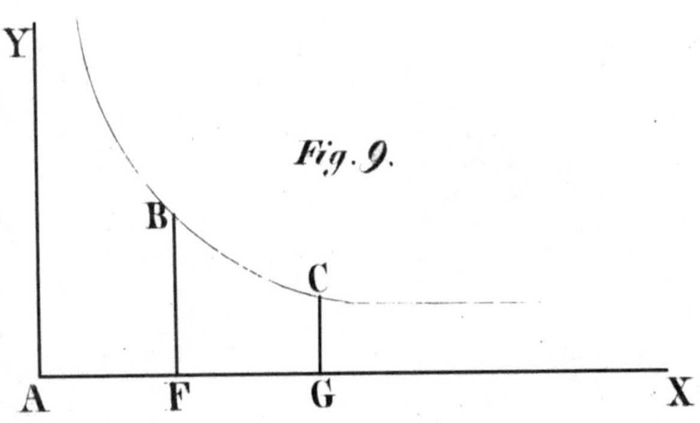

FSC
www.fsc.org
MIX
Papier | Fördert gute Waldnutzung
FSC® C083411

Zeitfracht Medien GmbH
Ferdinand-Jühlke-Straße 7
99095 Erfurt, Deutschland
produktsicherheit@kolibri360.de